JN320162

4 開かれた数学
中村佳正・野海正俊 [編集]

曲線とソリトン

井ノ口順一 [著]

朝倉書店

編 集 者

中村 佳正　京都大学大学院情報学研究科
野海 正俊　神戸大学大学院理学研究科

序

　この本は，ソリトン方程式とよばれる非線型双曲型偏微分方程式と，曲線の微分幾何学とをコンパクトな，入門書になるようまとめたものである．

　ソリトンとは粒子的性質をもつ孤立波のことである．空間に局在した波が，速さや形を変えずに伝播するとき，その波を孤立波という．孤立波が衝突しても形を保つとき，ソリトンとよぶ．ソリトンを解にもつ非線型波動方程式はソリトン方程式とよばれ，厳密解を求められるという際立った特長を備えている．

　今日では完全積分可能ハミルトン系(求積可能なハミルトン系)，ソリトン方程式，パンルヴェ方程式，差分化されたソリトン方程式，箱玉系などの方程式の研究を包括した研究を可積分系理論とよんでいる．

　一方，曲線は，1次元の図形であり，幾何学の研究対象の1つである．平面曲線論は微分幾何学の第一歩である．

　一見してまったく無関係に見える2つの分野，「微分幾何学」と「ソリトン方程式の理論」には密接な関係がある．

　20世紀後半から可積分系理論と微分幾何学の密接な関係が明らかになり，可積分系理論を用いた曲線・曲面の構成が行われるようになった．また逆に可積分系の構造を微分幾何学を用いて解明する研究も始まった．可積分系理論と曲線・曲面の微分幾何が融合した研究分野は可積分幾何 (integrable geometry) とよばれるようになった．可積分幾何の特徴は，特別な性質をもった曲線・曲面をコンピュータを用いて描画する方法も込めて構成理論を作ることにある．それゆえ，可積分幾何は可視化 (visualization) を支える数学としても注目されてきている．種々の微分方程式の理論・コンピュータを用いた解の表現など幾何学以外の分野へと「開かれた数学」なのである．

　この本は1変数関数の微分積分学，2変数関数の微分学(偏微分法)，行列とベクトルの基本事項(ベクトル値関数・行列値関数の微分)を学ばれた読者に可積分幾何を紹介することを目的とする．

　微分方程式と微分幾何学の交錯する面白さを伝えたいというのが，この本の

執筆動機である．

この本では，曲線の微分幾何を通じて種々の微分方程式について学ぶ機会を用意することに努めた．

まず微分幾何学の観点からこの本の内容を説明しよう．

平面上の 3 種類の幾何学 (ユークリッド幾何・等積幾何・相似幾何) における曲線の研究方法を説明する．さらにこれらの幾何学において「曲線を連続変形する問題」を考察する．興味深いことに曲線の連続変形からソリトン方程式として知られている偏微分方程式が導かれる．

次に微分方程式の観点からこの本の内容を説明する．3 種類の幾何学における曲線の連続変形を考察する上で，微分方程式や特殊函数の知識が必要になる．そこでこの本ではそれぞれの幾何学に対して自然に関わってくる微分方程式・特殊函数について解説する．具体的には，ユークリッド幾何に対して「楕円函数」，等積幾何には「変数係数の 2 階線型常微分方程式」，相似幾何には「拡散方程式」である．

ではこの本の構成を順を追って説明する．

まず第 1 章においてユークリッド幾何における平面曲線の取り扱いを解説する．第 1 章では曲線の表示方法を考察する．続く第 2 章では平面曲線の曲がり具合を表現する函数である「曲率」を導入する．第 3 章では平面曲線が曲率によって決定されることを証明する．曲率が向きを保つ合同変換 (運動) で保たれることに着目する．合同変換の全体が群をなすことも証明する．

また指定された函数を曲率にもつ曲線を与える積分公式を与える．これまでに出版されている「曲線の微分幾何学」の教科書と比べ，「曲線を求める」ことに力点を置いている点が特色である．

第 4 章では楕円函数の解説を行う．第 5 章以降で必要になる内容に絞って説明する．楕円函数についてやさしい解説と具体的な応用を提示している点も類書がないと思う．

第 5 章では，曲線の長さを保つ変形 (等周変形) を考察する．等周変形から mKdV 方程式とよばれるソリトン方程式が導かれる．続く第 6 章では mKdV 方程式の進行波解とよばれる種類の解を楕円函数を用いて実際に求める．第 6

章で求めた解を曲率にもつ曲線は第7章で計算を実行する．

第8章から第10章は曲線の微分幾何を離れて，可積分系理論からのアプローチを説明する．可積分系理論で研究される方程式の多くは，「1つの解から別の解をつくる操作をもつ」という性質がある．そのような操作 (アルゴリズム) にベックルンド変換・ダルブー変換がある．mKdV方程式に対するベックルンド変換とダルブー変換をそれぞれ第8章，第9章で解説する．第10章では広田の方法と呼ばれる独創的な手法を説明する．

第11章では，ユークリッド幾何における曲線論を他の幾何学においても展開するために，群作用を説明する．第11章では12章以降で必要な範囲に限定して群作用を説明する．この章の内容については拙著[53]を併読されると一層理解が深まると思う．

第11章での見直しをもとに等積幾何，相似幾何をそれぞれ第12章，第13章で展開する．第12章では線型常微分方程式，第13章ではフーリエ級数を用いた拡散方程式の解法を説明する．

最後の第14章は複素解析について学ばれた読者のために用意したものである．相似変換の一般化として共形変換・等角写像がある．共形変換に基づく幾何学 (共形幾何) における曲線の微分幾何を展開するためには複素解析を用いるのが便利である．複素解析を未習の読者の便を図って，簡略ではあるが複素解析の基礎事項を必要に応じて説明してある．共形幾何における曲線の時間発展からはKdV方程式というソリトン方程式の代表格である方程式が導かれる．

付録の「展望」では，この本で取り扱わない「曲線の微分位相幾何」について文献案内をしたあと，「曲面の可積分幾何」への案内を行う．この本の読了後にこれらのテーマを学習していただければ著者としても望外の喜びである．

本文に即して具体的な計算を実行していけば，ソリトン方程式・曲線の微分幾何の基本事項が習得できるように工夫してあるので，計算を楽しみながら読んでいただきたいと思う (第9章で $*$ をつけた2つの節は，初読のときはとばしても読めるように執筆してある)．

この本ではごく基本的なことを解説したに過ぎない．この本を読まれた方が，平面曲線の大域幾何学，ソリトン方程式の微分幾何学的研究を行い，卒業論文・修士論文・学術論文を書かれることを期待したい．

この本は九州大学における集中セミナー (2007 年 11 月) と北海道大学における集中講義 (2008 年 7 月) の記録を拡充したものである．集中セミナーを企画された山田光太郎先生，集中講義の機会をつくってくださった古畑仁先生，本書の出版をすすめてくださった中村佳正先生・野海正俊先生に感謝を申し上げる．

　また拡充にあたり，大宮眞弓，筧三郎，梶原健司，川久保哲，小林真平，薩摩順吉，広田良吾，矢嶋徹の諸先生方には多くのご指摘・ご助言をいただいたことにお礼申し上げたい．

　最後になるが，原稿の完成までご辛抱いただき，編集作業・図版作成にご尽力いただいた朝倉書店編集部にとくに感謝を申し上げる．

　2010 年 2 月

山形にて　井ノ口順一

この本で用いる記号

数に関する記号

自然数の全体を $\mathbb{N} = \{1, 2, \cdots, n, \cdots\}$ で表す．整数全体，有理数全体，実数全体をそれぞれ
$$\mathbb{Z} = \{0, \pm 1, \pm 2, \cdots\}, \quad \mathbb{Q}, \quad \mathbb{R}$$
で表す．複素数の全体は
$$\mathbb{C} = \{z = x + yi \mid x, y \in \mathbb{R}\}$$
で表す．

部分集合に関する記法

集合 X の部分集合 A, B に対し，次のように定める．
- $X \setminus A = \{x \in X \mid x \notin A\}$ を A の X における**補集合**とよぶ．
- $A \cap B = \{x \in X \mid x \in A$ かつ $x \in B\}$ を A と B の**共通部分** (または**交わり**) とよぶ．
- $A \cup B = \{x \in X \mid x \in A$ または $x \in B\}$ を A と B の**和集合** (または**合併**，**結び**) とよぶ．
- $A - B = \{x \in X \mid x \in A$ かつ $x \notin B\}$ を A と B の**差集合**とよぶ．

A の元 a と B の元 b を順序を考慮に入れて組にしたもの (a, b) の全体
$$A \times B = \{(a, b) \mid a \in A, b \in B\}$$
を A と B の**積集合**とよぶ．

写　　像

2 つの集合 X, Y において X の元 x に Y の元 y をただ 1 つだけ対応させる規則が定まっているとき，その規則を**写像**とよび，$f : X \to Y$, $f(x) = y$, $f : x \mapsto y$ などと表す．

写像 $f: X \to Y$ に対し
- X を f の**定義域**とよぶ.
- Y を f の**値域**とよぶ.
- 部分集合 $A \subset X$ に対し $f(A) = \{f(x) \mid x \in A\}$ を f による A の**像**とよぶ.
- 部分集合 $B \subset Y$ に対し $f^{-1}(B) = \{x \in X \mid f(x) \in B\}$ を B の f による**逆像**とよぶ.
- $\mathrm{I}: X \to X$ を $\mathrm{I}(x) = x$ で定め,これを X の**恒等変換**とよぶ.

合成と全単射

写像 $f: X \to Y$ に対し
- $a \neq b$ ならば $f(a) \neq f(b)$ が成立するとき,f を 1 対 1 写像とか**単射**とよぶ.
- $f(X) = Y$ のとき,すなわち,どの $y \in Y$ についても必ず $y = f(x)$ となる $x \in X$ が存在するとき,f を上への写像とか**全射**とよぶ.
- f が全射かつ単射であるとき,**全単射**とよぶ.
- $f: X \to Y$ が全単射であれば,どの $y \in Y$ についても $f(x) = y$ となる $x \in X$ がただ 1 つ存在する.対応 $y \mapsto x$ で定まる写像を $f^{-1}: Y \to X$ と書き,f の**逆写像**とよぶ.

双曲線函数

$\cosh x$ の逆数で定まる函数を $\operatorname{sech} x$ で表す. すなわち
$$\operatorname{sech} x = \frac{1}{\cosh x}.$$

目　　次

1. 平 面 曲 線 ………………………………………………… 1
   1.1 曲線と弧長径数 ……………………………………… 1
   1.2 楕円の弧長 …………………………………………… 5

2. フレネの公式 ……………………………………………… 8
   2.1 フレネ標構 …………………………………………… 8
   2.2 曲 線 の 例 …………………………………………… 11

3. 曲線の表現公式 …………………………………………… 16
   3.1 距離函数と合同変換群 ……………………………… 16
   3.2 平面曲線論の基本定理 ……………………………… 23

4. 楕 円 函 数 ………………………………………………… 27
   4.1 ヤコビの楕円函数 …………………………………… 27
   4.2 加 法 定 理 …………………………………………… 30
   4.3 積 分 公 式 …………………………………………… 33

5. 平面曲線の時間発展 ……………………………………… 36
   5.1 等 周 条 件 …………………………………………… 36
   5.2 mKdV 方程式 ………………………………………… 39

6. 楕円函数解 ………………………………………………… 44
   6.1 進 行 波 解 …………………………………………… 44
   6.2 ソリトン解 …………………………………………… 46
   6.3 cn 波解と dn 波解 …………………………………… 47
   6.4 代数的ソリトン ……………………………………… 50

7. 進行波解の定める曲線 ... 52
- 7.1 dn 波解 ... 52
- 7.2 cn 波解 ... 55

8. ベックルンド変換 ... 61
- 8.1 ポテンシャル mKdV 方程式 ... 61
- 8.2 ベックルンド変換 ... 61
- 8.3 非線型重ね合わせの公式 ... 63
- 8.4 曲線への応用 ... 66

9. ダルブー変換 ... 68
- 9.1* AKNS-ZS 系 ... 68
- 9.2 2行2列の定式化 ... 73
- 9.3* シュレディンガー作用素 ... 75
- 9.4 ベックルンド変換の導出 ... 79
- 9.5 ダルブー行列 ... 82

10. 広田の方法 ... 87
- 10.1 広田微分 ... 87
- 10.2 多重ソリトン解 ... 89

11. 群で視る幾何学 ... 93
- 11.1 群作用 ... 93
- 11.2 クライン幾何 ... 94

12. 等積幾何 ... 99
- 12.1 等積フレネの公式 ... 99
- 12.2 線型常微分方程式 ... 102
- 12.3 表現公式 ... 105
- 12.4 等積幾何における曲線の時間発展 ... 116

13. 相似幾何 ... 120
13.1 相似フレネの公式 ... 120
13.2 相似幾何における曲線の時間発展 ... 123
13.3 拡散方程式 ... 128

14. メビウス幾何 ... 134
14.1 共形変換 ... 134
14.2 複素函数 ... 136
14.3 1次分数変換 ... 139
14.4 無限遠点 ... 140
14.5 リーマン球面 ... 141
14.6 複素射影直線 ... 147
14.7 射影変換 ... 148
14.8 メビウス幾何における曲線の時間発展 ... 149
14.9 ミウラ変換 ... 152

A. 展望——可積分幾何へむけて—— ... 154
A.1 曲線の微分位相幾何 ... 154
A.2 曲面のベックルンド変換 ... 157
A.3 差分幾何 ... 163

文献 ... 167
索引 ... 173

第 1 章

平 面 曲 線

　平面上の曲線は幾何学ばかりでなく数理科学のさまざまな場面に登場する．たとえば，ベクトル解析や複素函数論では曲線に沿う積分 (線積分・複素積分) を取り扱う．線積分や複素積分は電磁気学や流体力学の基本法則を記述する上で必要である．まず曲線の表示方法を考察することから始めよう．

1.1　曲線と弧長径数

$\mathbb{R}^2$ を数平面とする．
$$\mathbb{R}^2 = \{(x,y) \mid x,y \in \mathbb{R}\}.$$
$\mathbb{R}^2$ の内積を $(\cdot|\cdot)$ と表記する．すなわち $\boldsymbol{p}=(x,y)$, $\boldsymbol{q}=(v,w)$ に対し
$$(\boldsymbol{p}|\boldsymbol{q}) = xv + yw.$$
ベクトル $\boldsymbol{p}=(x,y)$ の長さを $|\boldsymbol{p}|$ で表す．
$$|\boldsymbol{p}| = \sqrt{(\boldsymbol{p}|\boldsymbol{p})} = \sqrt{x^2+y^2}.$$

　開区間 $I \subset \mathbb{R}$ で定義されたベクトル値函数 $\boldsymbol{p}: I \to \mathbb{R}^2$, $\boldsymbol{p}(u)=(x(u),y(u))$ を**径数付曲線** (図1.1) とよぶ．u を**径数** (または媒介変数，パラメータ) とよぶ．

　開区間 I で定義された径数付曲線 $\boldsymbol{p}(u)$ が I のすべての点で微分可能なとき，$\boldsymbol{p}$ を**微分可能径数付曲線**とよぶ．

　$a \in I$ に対し
$$\frac{d\boldsymbol{p}}{du}(a) = \left(\frac{dx}{du}(a), \frac{dy}{du}(a)\right)$$
を $u=a$ における $\boldsymbol{p}$ の**接ベクトル**とよぶ．点 $\boldsymbol{p}(a)$ における接ベクトルともよ

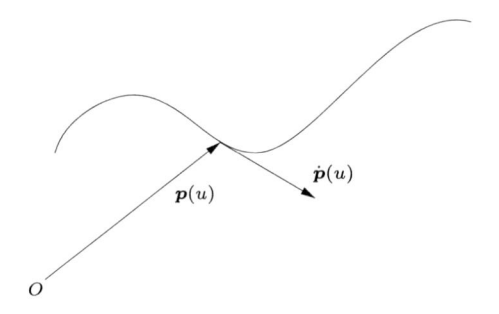

図 1.1 径数付曲線

ぶ. $u=a$ における接ベクトルを

$$\dot{\boldsymbol{p}}(a)=(\dot{x}(a),\dot{y}(a))$$

とも表す．ベクトル値函数 $u\longmapsto \dot{\boldsymbol{p}}(u)$ は各 $u\in I$ に対し，微分可能径数付曲線の接ベクトルを対応させる規則である．このベクトル値函数を微分可能径数付曲線 $\boldsymbol{p}(u)$ の **接ベクトル場** とよぶ．

定義　微分可能径数付曲線 $\boldsymbol{p}:I\to\mathbb{R}^2$ が I のすべての点 u において

$$\dot{\boldsymbol{p}}(u)=(\dot{x}(u),\dot{y}(u))\neq\boldsymbol{0}$$

をみたすとき，$\boldsymbol{p}$ は **正則**(regular) であるという．

定義　n を自然数とする．微分可能径数付曲線 $\boldsymbol{p}:I\to\mathbb{R}^2$ が I 上で n 回微分可能であり

$$\boldsymbol{p}^{(n)}(u):=\frac{\mathrm{d}^n\boldsymbol{p}}{\mathrm{d}u^n}(u)$$

が u に関し連続であるとき，$\boldsymbol{p}$ を C^n **級径数付曲線** とよぶ．$\boldsymbol{p}$ が何回でも微分できるとき，**なめらかな径数付曲線** とよぶ[*1]．

以下，$\boldsymbol{p}$ は **なめらか**，かつ **正則** であると仮定する．

注意 1.1.1　区間 I が半開区間 $(a,b]$, $[a,b)$ や閉区間 $[a,b]$ のときは，I を含む開区間上で $\boldsymbol{p}$ が微分可能なとき，$\boldsymbol{p}$ は I で微分可能と定める．同様に I を含む開区間上で C^n 級（またはなめらか）のとき $\boldsymbol{p}$ は I 上で C^n 級（またはなめらか）と定める．

[*1]　すべての n に対し C^n 級であること．C^∞ 級ともいう．

閉区間 $I = [a, b]$ で定義された径数付曲線が $\boldsymbol{p}(a) = \boldsymbol{p}(b)$ をみたすとき，$\boldsymbol{p}$ を**閉曲線**とよぶ[*2]．

例 1.1.2 $I = \mathbb{R}$ とする．$\boldsymbol{p} : \mathbb{R} \to \mathbb{R}^2$ を
$$\boldsymbol{p}(u) = (x(u), y(u)) = \left(\frac{1-u^2}{1+u^2}, \frac{2u}{1+u^2}\right)$$
で定めると，これは径数付曲線である．$x(u)^2 + y(u)^2 = 1$ であるから，$\boldsymbol{p}(u)$ は原点を中心とする半径 1 の円周から点 $(-1, 0)$ を除いてできる曲線を表す (図 1.2)．

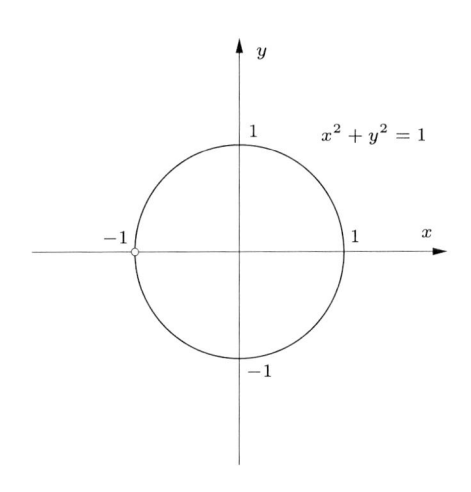

図 1.2 円から 1 点を除いたもの

例 1.1.3 $I = \mathbb{R}$ とする．径数付曲線 $\boldsymbol{p} : \mathbb{R} \to \mathbb{R}^2$ を
$$\boldsymbol{p}(u) = (\cosh u, \sinh u)$$
で定める．$x(u)^2 - y(u)^2 = 1$ であるから，$\boldsymbol{p}(u)$ は双曲線の一葉 $(x > 0)$ を表す (図 1.3)．

[*2] 微分幾何学・微分位相幾何学では，C^n 級径数付曲線が閉曲線であることの定義に，$\boldsymbol{p}^{(k)}(a) = \boldsymbol{p}^{(k)}(b)$ $(k = 1, 2, \cdots, n)$ を追加要請する．付録 A と問 3.2.6 を参照．

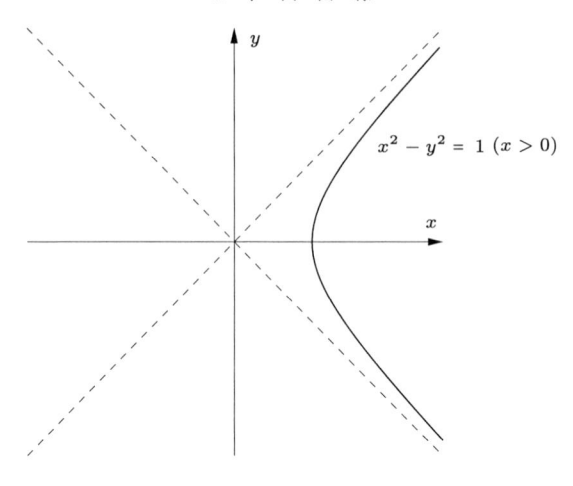

図 1.3 双曲線の一葉

閉区間 $I = [a,b]$ で定義された径数付曲線 $\boldsymbol{p}(u)$ に対し I 上の関数 $s = s(u)$ を

$$s(u) = \int_a^u |\dot{\boldsymbol{p}}(u)|\,\mathrm{d}u = \int_a^u \sqrt{(\dot{\boldsymbol{p}}(u)|\dot{\boldsymbol{p}}(u))}\,\mathrm{d}u,$$

で定める. $s(u)$ を $\boldsymbol{p}$ の $\boldsymbol{p}(a)$ から $\boldsymbol{p}(u)$ まで測った**弧長**(函数)とよぶ.

$\mathrm{d}\boldsymbol{p}/\mathrm{d}u \neq \boldsymbol{0}$ より

$$\frac{\mathrm{d}s}{\mathrm{d}u} = |\dot{\boldsymbol{p}}(u)| > 0.$$

したがって $s = s(u)$ は逆函数をもつ. 逆函数を $u = u(s)$, $0 \leq s \leq \ell = s(b)$ で表す. この逆函数を用いて, s を曲線を表示する径数として使うことができる.

$$\boldsymbol{p}(s) := \boldsymbol{p}(u(s)).$$

s を $\boldsymbol{p}$ の径数として採用するとき s を**弧長径数**とよぶ. 弧長径数に関する微分演算はプライム ($\prime$)

$$\boldsymbol{p}'(s) = \frac{\mathrm{d}\boldsymbol{p}}{\mathrm{d}s}(s).$$

を用いる.

$$|\boldsymbol{p}'(s)| = \left|\frac{\mathrm{d}\boldsymbol{p}}{\mathrm{d}s}(s)\right| = \left|\frac{\mathrm{d}\boldsymbol{p}}{\mathrm{d}u}(u(s))\frac{\mathrm{d}u}{\mathrm{d}s}(s)\right| = |\dot{\boldsymbol{p}}(u)|\frac{1}{|\dot{\boldsymbol{p}}(u)|} = 1$$

であるから弧長径数を用いた表示 $\boldsymbol{p}(s)$ は正則である.

1.2 楕円の弧長

以後,平面曲線を表示するときは弧長径数を用いる.実際の例では $s(u)$ を求め,弧長径数表示をすることが難しいこともある.たとえば楕円の場合はどうかを見ておこう (図 1.4).

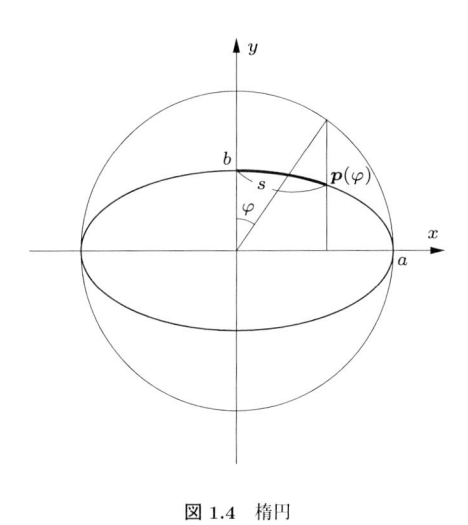

図 1.4 楕円

例 1.2.1 (楕円の弧長) 楕円

$$\frac{x^2}{a^2} + \frac{y^2}{b^2} = 1 \quad (a > b > 0) \tag{1.1}$$

を

$$\boldsymbol{p}(\varphi) = (a\sin\varphi, b\cos\varphi), \qquad \varphi \in I = [0, 2\pi]$$

と表す.

$k = \sqrt{a^2 - b^2}/a$ をこの楕円の**離心率**とよぶ.弧長径数は

$$s(\varphi) = \int_0^\varphi \sqrt{\left(\frac{\mathrm{d}x}{\mathrm{d}\varphi}\right)^2 + \left(\frac{\mathrm{d}y}{\mathrm{d}\varphi}\right)^2}\,\mathrm{d}\varphi = \int_0^\varphi \sqrt{a^2\cos^2\varphi + b^2\sin^2\varphi}\,\mathrm{d}\varphi$$
$$= a\int_0^\varphi \sqrt{1 - k^2\sin^2\varphi}\,\mathrm{d}\varphi$$

と計算される.

定義 k を $0 \leq k \leq 1$ をみたす定数とする．このとき
$$E(k,\varphi) = \int_0^\varphi \sqrt{1 - k^2 \sin^2 \varphi}\, d\varphi \tag{1.2}$$
で $E(k,\varphi)$ を定める．$0 < k < 1$ のとき $E(k,\varphi)$ を母数 k の**第 2 種不完全楕円積分**とよぶ．また $E(k) = E(k, \pi/2)$ を**第 2 種完全楕円積分**とよぶ．

$0 < k < 1$ に対し $E(k,\varphi)$ は初等函数で表すことができないことが知られている．楕円の全長は $4aE(k)$ で与えられることに注意しよう．

注意 1.2.2 (円) $a = b$ のとき楕円 (1.1) は半径 a の円であり，離心率は $k = 0$ である．この円に対しては
$$E(0,\varphi) = \int_0^\varphi d\varphi = \varphi, \qquad E(0) = E\left(0, \frac{\pi}{2}\right) = \frac{\pi}{2}, \qquad s(\varphi) = a\varphi.$$
全長は $2\pi a$ である．弧長径数は $s = \varphi/a$ で与えられる．円を扱うときは $s := \pi/2 - \varphi/a$ を用いることが多い．

楕円 (1.1) の全長の近似値を求めてみよう．

微分積分学で習う二項定理を復習しておこう．

命題 1.2.3 (二項定理) α を実数とする．$|x| < 1$ であれば
$$(1+x)^\alpha = \sum_{n=0}^\infty \binom{\alpha}{n} x^n, \qquad \binom{\alpha}{n} = \frac{\alpha(\alpha-1)\cdots(\alpha-n+1)}{n!}$$
と展開できる[*1)].

二項定理より
$$\sqrt{1-x} = 1 - \frac{1}{2}x - \frac{1}{2\cdot 4}x^2 - \frac{1\cdot 3}{2\cdot 4\cdot 6}x^3 - \cdots$$
を得る．この式に $x = k^2 \sin^2 \varphi$ を代入すると
$$\sqrt{1 - k^2 \sin^2 \varphi} = 1 - \frac{k^2}{2}\sin^2 \varphi - \frac{k^4}{2\cdot 4}\sin^4 \varphi - \cdots$$
である．項別積分を行う．

[*1)] α が 0 または自然数のときは，級数は有限個の項しかもたないから，任意の実数 x に対し $(1+x)^\alpha$ は有限の値で確定する．

$$E(k) = \int_0^{\pi/2} 1 - \frac{k^2}{2}\sin^2\varphi - \frac{k^4}{2\cdot 4}\sin^4\varphi - \cdots \, d\varphi.$$

ここで
$$\int_0^{\pi/2} \sin^{2n}\varphi \, d\varphi = \frac{1\cdot 3\cdot 5 \cdots (2n-1)}{2\cdot 4\cdot 6 \cdots 2n} \times \frac{\pi}{2} \tag{1.3}$$

を利用すると
$$E(k) = \frac{\pi}{2}\left(1 - \frac{1}{2^2}k^2 - \frac{1^2\cdot 3}{2^2\cdot 4^2}k^4 - \frac{1^2\cdot 3^2\cdot 5}{2^2\cdot 4^2\cdot 6^2}k^6 - \cdots\right)$$

を得る.

問 1.2.4 (グラフとしての表示) 区間 I で定義されたなめらかな函数 $y = f(x)$ のグラフは径数付曲線 $\boldsymbol{p}(x) = (x, f(x))$ を定める. この径数付曲線の弧長径数 $s = s(x)$ は
$$s(x) = \int \sqrt{1 + \dot{f}(x)^2}\, dx, \quad \dot{f}(x) = \frac{df}{dx}(x) \tag{1.4}$$

で与えられることを確かめよ.

平面内の「曲線」を数学的に定義する1つの方法は, ここで説明したように径数を用いてベクトル値函数として定義することである. 同じ図形を, 異なる径数付曲線として表すことができる. たとえば原点を中心とする単位円を例 1.1.2 のように表すこともできるし, 例 1.2.2 のように表すこともできる. 2つの径数付曲線が同じ図形を表すときは, 同一の曲線に対し「2種類の表示が与えられている」と考えるべきだろう. そこで, 「曲線」を次のように定義する.

定義 区間 $I, \tilde{I}$ で定義された C^∞ 級径数付曲線 $\boldsymbol{p}(u) : I \to \mathbb{R}^2$ と $\boldsymbol{q}(v) : \tilde{I} \to \mathbb{R}^2$ に対し C^∞ 函数 $\phi : I \to \tilde{I}$ で $\dot{\phi}(u) \neq 0$ かつ $\phi(I) = \tilde{I}$ をみたすものが存在し $\boldsymbol{q}(\phi(u)) = \boldsymbol{p}(u)$ がつねに成立するとき, $\boldsymbol{p}$ と $\boldsymbol{q}$ は**同じ曲線を定める**という. この関係は同値関係である. $\boldsymbol{p}$ の同値類 C を**曲線**とよぶ. C の要素を曲線 C の**径数表示**とよぶ.

各曲線 C に対し, 標準的な径数表示を選ぶことができるだろうかという問題も考えられる. この問題に対する解答が「弧長径数表示」である.

第 2 章

フレネの公式

平面上に描かれた曲線の「曲がり具合」を表現するにはどうしたらよいだろうか. 直線は曲がっていないし, 円は曲がり方が一定であるのだから,「直線＝曲がり方がゼロ」,「円＝曲がり方がゼロでなく一定」となるような函数を定められると便利なはずである. この章では, 曲線の曲がり具合を表現する函数 (曲率) を定義する.

2.1 フレネ標構

弧長径数 s で径数表示された曲線 $\boldsymbol{p}(s)$ を考察する. この径数付曲線の接ベクトル場

$$\boldsymbol{T}(s) = \boldsymbol{p}'(s) = \begin{pmatrix} x'(s) \\ y'(s) \end{pmatrix}$$

はつねに長さ 1 であった. そこで $\boldsymbol{T}(s)$ を径数付曲線 $\boldsymbol{p}(s)$ の**単位接ベクトル場**とよぶ. 次に曲線に沿うベクトル場 $\boldsymbol{N}(s)$ を

$$\boldsymbol{N}(s) = \begin{pmatrix} -y'(s) \\ x'(s) \end{pmatrix}$$

と定め**単位法ベクトル場**とよぶ.

$$J = \begin{pmatrix} 0 & -1 \\ 1 & 0 \end{pmatrix}$$

とおくと

$$\boldsymbol{N}(s) = J\boldsymbol{T}(s) \qquad (2.1)$$

と表せる．J は原点を中心とする $90°$ の回転を表す行列であることに注意しよう．$\bm{T}(s)$ の長さは常に 1 であるから $(\bm{T}(s)|\bm{T}(s)) = 1$ が成立している．さらに

$$(\bm{T}(s)|\bm{N}(s)) = 0, \qquad (\bm{N}(s)|\bm{N}(s)) = 1$$

が成立している．

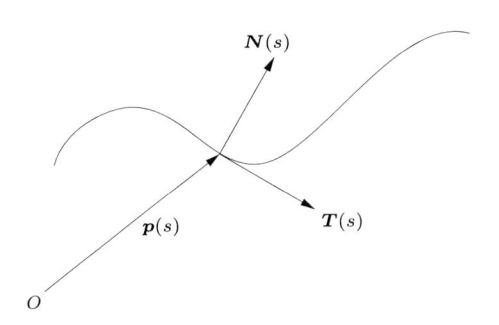

図 2.1　フレネ標構

線型代数学を学ばれた読者は，径数付曲線 $\bm{p}(s)$ 上の各点に正規直交基底 $\{\bm{T}(s), \bm{N}(s)\}$ が定まっているということに気づくだろう．

行列値函数 $F(s)$ を

$$F(s) = (\bm{T}(s), \bm{N}(s)) = \begin{pmatrix} x'(s) & -y'(s) \\ y'(s) & x'(s) \end{pmatrix}$$

で定め，径数付曲線 $\bm{p}(s)$ の**フレネ**[*1)] **標構**とよぶ (図 2.1)．

ここで例として直線を考えてみる (図 2.2)．点 $\bm{a}$ を通り，単位ベクトル $\bm{b}$ に平行な直線は $\bm{p}(s) = \bm{a} + s\bm{b}$ と径数表示できる．この表示では s は弧長径数だから $\bm{T}(s) = \bm{p}'(s) = \bm{b}$．したがって $F(s) = (\bm{b}, J\bm{b})$ は s によらない (変化していない)．

$\bm{p}(s)$ が曲がっていれば (直線でなければ) $F(s)$ は s の変化につれて変動するはずである．ということは $F(s)$ の変化を調べれば曲線の曲がり具合がわかるはず．そこで $F(s)$ の導函数を調べてみよう．

[*1)]　Jear Frédéric Frenet (1816-1900).

図 2.2 直線のフレネ標構

まず $(\boldsymbol{T}(s)|\boldsymbol{T}(s)) = 1$ の両辺を s で微分してみよう.

$$(\boldsymbol{T}(s)|\boldsymbol{T}(s))' = 1' = 0,$$
$$(\boldsymbol{T}'(s)|\boldsymbol{T}(s)) + (\boldsymbol{T}(s)|\boldsymbol{T}'(s)) = 0,$$
$$2(\boldsymbol{T}(s)|\boldsymbol{T}'(s)) = 0.$$

したがって $\boldsymbol{T}'(s)$ は $\boldsymbol{T}(s)$ に直交する.すなわち $\boldsymbol{N}(s)$ の方向を向いている.ということは,ある函数 $\kappa(s)$ を用いて

$$\boldsymbol{T}'(s) = \kappa(s)\boldsymbol{N}(s)$$

と表すことができる.この式を成分で表せば

$$x''(s) = -\kappa(s)y'(s), \qquad y''(s) = \kappa(s)x'(s).$$

この式をつかうと

$$\boldsymbol{N}'(s) = \begin{pmatrix} -y''(s) \\ x''(s) \end{pmatrix} = -\kappa(s)\boldsymbol{T}(s)$$

が得られる.函数 $\kappa(s)$ を**曲率**とよぶ.ここまでの計算を $F(s)$ を使って整理すると

$$\frac{\mathrm{d}}{\mathrm{d}s}F(s) = \begin{pmatrix} x''(s) & -y''(s) \\ y''(s) & x''(s) \end{pmatrix} = \begin{pmatrix} -\kappa(s)y'(s) & -\kappa(s)x'(s) \\ \kappa(s)x'(s) & -\kappa(s)y'(s) \end{pmatrix}$$
$$= \begin{pmatrix} x'(s) & -y'(s) \\ y'(s) & x'(s) \end{pmatrix} \begin{pmatrix} 0 & -\kappa(s) \\ \kappa(s) & 0 \end{pmatrix}$$
$$= F(s) \begin{pmatrix} 0 & -\kappa(s) \\ \kappa(s) & 0 \end{pmatrix}$$

が得られる.フレネ標構 $F(s)$ のみたす式

$$\frac{\mathrm{d}}{\mathrm{d}s}F(s) = F(s) \begin{pmatrix} 0 & -\kappa(s) \\ \kappa(s) & 0 \end{pmatrix} \tag{2.2}$$

をフレネの公式とよぶ.

2.2 曲線の例

簡単な例で曲率を計算してみよう.

例 2.2.1 (直線) 点 a を通り，単位ベクトル b に平行な直線を $p(s) = a + sb$ と弧長径数表示する．フレネ標構は s に依存していないから $F'(s) = O$. すなわち $\kappa(s) = 0$.

例 2.2.2 (円) 原点を中心とする半径 a の円周を
$$p(s) = (a\sin(s/a), a\cos(s/a)), \qquad s = a\varphi$$
と表す (例 1.2.1 を参照)．このとき s は弧長径数であり
$$T(s) = (\cos(s/a), -\sin(s/a)), \qquad N(s) = (\sin(s/a), \cos(s/a))$$
より $\kappa(s) = -1/a$.

径数表示の方法を
$$p(s) = (a\cos(s/a), a\sin(s/a))$$
に変更すれば
$$T(s) = (-\sin(s/a), \cos(s/a)), \qquad N(s) = (-\cos(s/a), -\sin(s/a))$$
より $\kappa(s) = 1/a > 0$.

この 2 つの例から κ を曲率と命名するのが妥当だといえる．また例 2.2.2 より曲率は「曲線の向きづけ」を反映することがわかる.

例 2.2.3 (楕円) 楕円 (1.1) の曲率を求めよう．弧長径数 s は φ の初等関数で表せないが，曲率を求めることはできる.
$$\frac{ds}{d\varphi} = a\sqrt{1 - k^2 \sin^2 \varphi}$$
を利用すると

$$T = \frac{d\boldsymbol{p}}{ds} = \frac{d\boldsymbol{p}}{d\varphi}\frac{d\varphi}{ds} = \frac{1}{a\sqrt{1-k^2\sin^2\varphi}}\frac{d\boldsymbol{p}}{d\varphi}$$

$$= \frac{1}{a\sqrt{1-k^2\sin^2\varphi}}\begin{pmatrix} a\cos\varphi \\ -b\sin\varphi \end{pmatrix}$$

と計算できるので $\boldsymbol{N} = J\boldsymbol{T}$ は

$$\boldsymbol{N} = \frac{1}{a\sqrt{1-k^2\sin^2\varphi}}\begin{pmatrix} b\sin\varphi \\ a\cos\varphi \end{pmatrix}$$

で与えられる.

$$\boldsymbol{T}'(s) = \frac{d\boldsymbol{T}}{d\varphi}(\varphi)\frac{d\varphi}{ds}(s) = \frac{1}{a\sqrt{1-k^2\sin^2\varphi}}\frac{d\boldsymbol{T}}{d\varphi}(s(\varphi))$$

$$= \frac{1}{a\sqrt{1-k^2\sin^2\varphi}}\left\{\frac{-b}{a^2(1-k^2\sin^2\varphi)^{\frac{3}{2}}}\right\}\begin{pmatrix} b\sin\varphi \\ a\cos\varphi \end{pmatrix}$$

$$= \kappa(s(\varphi))\boldsymbol{N}(s)$$

より

$$\kappa(s(\varphi)) = -\frac{b}{a^2(1-k^2\sin^2\varphi)^{\frac{3}{2}}} \tag{2.3}$$

を得る. この計算からわかるように, 一般の径数 u で表示された径数付曲線 $\boldsymbol{p}(u)$ の曲率を求めるためには弧長径数 s が具体的に求められていなくてもよい. ds/du が求められていればよいのである.

問 2.2.4 (2.3) を確かめよ.

問 2.2.5 弧長径数とは限らない一般の径数 u で表示された径数付曲線 $\boldsymbol{p}(u)$ の曲率は u の函数として

$$\kappa(u) = \frac{\dot{x}(u)\ddot{y}(u) - \ddot{x}(u)\dot{y}(u)}{(\dot{x}(u)^2 + \dot{y}(u)^2)^{\frac{3}{2}}} \tag{2.4}$$

で与えられることを確かめよ. とくに函数 $y = f(x)$ のグラフで表示されている曲線 $\boldsymbol{p}(x) = (x, f(x))$ の曲率は

$$\kappa(x) = \frac{\ddot{f}(x)}{(1+\dot{f}(x)^2)^{\frac{3}{2}}} \tag{2.5}$$

で与えられる[*1].

例 2.2.6 (対数螺旋) $a, b > 0$ とする．$\boldsymbol{p}(u) = ae^{bu}(\cos u, \sin u)$ で定まる曲線を**対数螺旋**とよぶ (図 2.3).

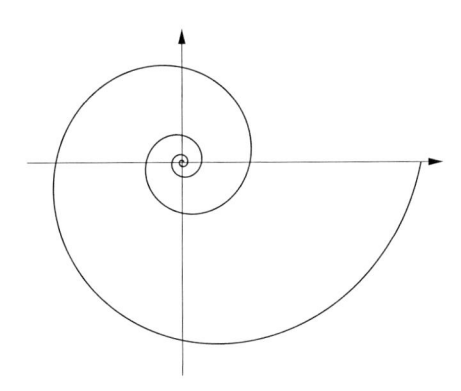

図 2.3 対数螺旋

$$\dot{\boldsymbol{p}}(u) = ae^{bu}(b\cos u - \sin u, b\sin u + \cos u)$$

より弧長径数 s は

$$s(u) = \int_0^u \sqrt{(\dot{\boldsymbol{p}}(u)|\dot{\boldsymbol{p}}(u))}\,\mathrm{d}u = a\sqrt{1+b^2}\int_0^u e^{bu}\,\mathrm{d}u$$
$$= \frac{a\sqrt{1+b^2}}{b}(e^{bu} - 1)$$

と求められる．一方 (2.4) を用いて曲率を計算すると

$$\kappa(u) = \frac{1}{ae^{bu}\sqrt{1+b^2}}.$$

これと $s(u)$ の式を見比べると

$$\kappa(s) = \frac{1}{bs + a\sqrt{1+b^2}}$$

[*1] (2.5) はニュートン (Newton, 1642–1727) の著作 *De methodis serierum et fluxionum*, Mathematical Papers 3 (1671), pp. 32–353 に見られる．ニュートンは接触円を用いて，曲率半径 $\rho = 1/\kappa$ を導入した．

を得る.したがって対数螺旋は曲率の逆数 $1/\kappa$ が弧長径数 s の一次式という特徴をもつことがわかった.

例 2.2.7 (クロソイド) $k > 0$ を定数とする.
$$\boldsymbol{p}(u) = \frac{1}{\sqrt{2k}} \left(\int_0^u \frac{\cos u}{\sqrt{u}} \, du, \int_0^u \frac{\sin u}{\sqrt{u}} \, du \right)$$
で定まる曲線を**クロソイド**(または**コルニュ (Cornu) の螺旋**) とよぶ (図 2.4).クロソイドは高速道路やジェットコースターの設計に用いられている.

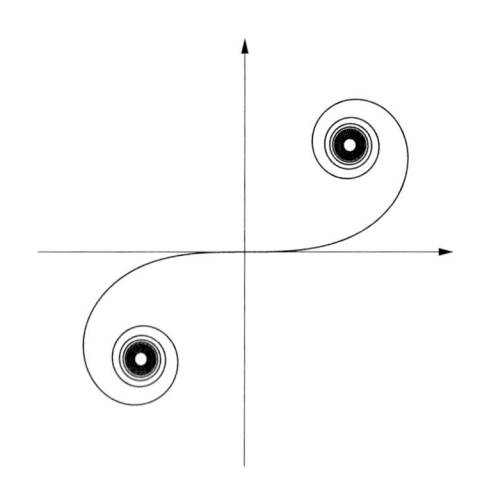

図 2.4 クロソイド

$$\dot{\boldsymbol{p}}(u) = \frac{1}{\sqrt{2k}} \left(\frac{\cos u}{\sqrt{u}}, \frac{\sin u}{\sqrt{u}} \right)$$
より弧長径数 s は
$$s(u) = \frac{1}{\sqrt{2k}} \int_0^u \frac{1}{\sqrt{u}} \, du = \frac{\sqrt{2u}}{\sqrt{k}}$$
と求められる.したがってクロソイドは s を用いて
$$\boldsymbol{p}(s) = \left(\int_0^s \cos \frac{ks^2}{2} \, ds, \int_0^s \sin \frac{ks^2}{2} \, ds \right)$$
と弧長径数表示できる.この表示を利用して計算するとクロソイドの曲率は

$$\kappa(s) = ks$$

と求められる．すなわち $\boldsymbol{p}(s)$ における曲率 $\kappa(s)$ は原点から測った弧長 s に比例する．また $\boldsymbol{p}(s)$ における接線が x 軸となす角を $\theta(s)$ とすると $\theta(s) = ks^2/2$ である．$\theta(s)$ を**角函数** (turning angle) とよぶ．

問 2.2.8 (フレネル積分)　(複素解析を学んだ読者向け)
$$\int_0^t \cos\frac{\pi u^2}{2}\,\mathrm{d}u, \qquad \int_0^t \sin\frac{\pi u^2}{2}\,\mathrm{d}u$$
をフレネル[*1)]**積分**とよぶ複素積分を用いて
$$\int_0^\infty \cos x^2\,\mathrm{d}x = \int_0^\infty \sin x^2\,\mathrm{d}x = \frac{\sqrt{\pi}}{2\sqrt{2}}$$
を示せ (ヒント: 複素平面上の 3 点 $0, x \in \mathbb{R}, (1+x)i$ を頂点にもつ直角三角形の周上で $f(z) = e^{-z^2/2}$ を積分せよ)．

問 2.2.9 (曲線のベックルンド変換)　弧長で径数表示された径数付曲線 $\boldsymbol{p}(s)$ のフレネ標構を $F(s) = (\boldsymbol{T}(s), \boldsymbol{N}(s))$，曲率を $\kappa(s)$ とする．定数 $\lambda \neq 0$ に対し，微分方程式
$$\phi'(s) + \kappa(s) = 2\lambda \sin\phi(s) \tag{2.6}$$
をみたす函数 $\phi(s)$ を用いて径数付曲線 $\tilde{\boldsymbol{p}}(s)$ を
$$\tilde{\boldsymbol{p}}(s) = \boldsymbol{p}(s) + \lambda^{-1}(\cos\phi(s)\boldsymbol{T}(s) + \sin\phi(s)\boldsymbol{N}(s)) \tag{2.7}$$
で定める．
  (i) s は新しい曲線 $\tilde{\boldsymbol{p}}(s)$ の弧長径数であること (すなわち $(\tilde{\boldsymbol{p}}'(s)|\tilde{\boldsymbol{p}}'(s)) = 1$) を確かめよ．
  (ii) $\tilde{\boldsymbol{p}}(s)$ の曲率 $\tilde{\kappa}(s)$ は
$$\tilde{\kappa}(s) = -\kappa(s) + 4\lambda\sin\phi(s) \tag{2.8}$$
  で与えられることを確かめよ．
曲線 $\tilde{\boldsymbol{p}}(s)$ を $\boldsymbol{p}(s)$ の**ベックルンド変換**とよぶ．

フレネ標構は「曲線に沿った正規直交基底分布」と理解することができる．この考え方は微分幾何学で推し進められ，リーマン多様体の各点に正規直交基底 (正確にはその双対である微分形式の組) を分布させる規則を考察し，曲率を求める計算方法 (動標構の理論) へと発展した．9 章で登場するダルブー (G. Darboux) は動標構 (moving frame) を駆使した．カルタン (E. Cartan, 1869–1951) は動標構を用いた研究の過程で接続 (connection) の概念を導入し「接続の幾何学」を創始した．

[*1)]　フレネル (Augstin Jean Fresnel, 1788–1827). フレネルレンズの発明でも知られる．

第3章

曲線の表現公式

　曲線の曲がり具合は「曲率」を用いて表現できることがわかった．逆に曲率を指定すれば曲線は決定できるだろうか．フレネ標構と曲率について詳しく調べよう．数平面上の合同変換の全体が群の構造をもつことを説明することから始めよう．

3.1　距離函数と合同変換群

　数平面 $\mathbb{R}^2$ の 2 点 $\boldsymbol{p} = (x, y)$ と $\boldsymbol{q} = (u, v)$ の間の距離を $\mathrm{d}(\boldsymbol{p}, \boldsymbol{q})$ で表す．

$$\mathrm{d}(\boldsymbol{p}, \boldsymbol{q}) = \sqrt{(x-u)^2 + (y-v)^2}.$$

$\mathbb{R}^2$ の 2 点の組の全体を

$$\mathbb{R}^2 \times \mathbb{R}^2 = \{(\boldsymbol{p}, \boldsymbol{q}) \mid \boldsymbol{p}, \boldsymbol{q} \in \mathbb{R}^2\}$$

で表す．このとき $\mathbb{R}^2 \times \mathbb{R}^2$ 上の函数 d を

$$\mathrm{d} : \mathbb{R}^2 \times \mathbb{R}^2 \to \mathbb{R}; \quad (\boldsymbol{p}, \boldsymbol{q}) \longmapsto \mathrm{d}(\boldsymbol{p}, \boldsymbol{q})$$

で定めることができる．この函数 d を $\mathbb{R}^2$ の (自然な) **距離函数**とよぶ．距離函数を用いて次の定義を行う．

定義　変換 $f : \mathbb{R}^2 \to \mathbb{R}^2$ が距離函数を保つとき，すなわち，どの $(\boldsymbol{p}, \boldsymbol{q}) \in \mathbb{R}^2 \times \mathbb{R}^2$ に対しても

$$\mathrm{d}(f(\boldsymbol{p}), f(\boldsymbol{q})) = \mathrm{d}(\boldsymbol{p}, \boldsymbol{q})$$

が成立しているとき f を**合同変換**という．$\mathbb{R}^2$ の合同変換全体を $\mathrm{E}(2)$ で表す．

補題 3.1.1　合同変換 f が原点 $\boldsymbol{0} = (0, 0)$ を動かさない ($f(\boldsymbol{0}) = \boldsymbol{0}$) ならば f

はベクトルの**内積を保つ**，すなわち，任意の $p,q \in \mathbb{R}^2$ に対し

$$(f(p)|f(q)) = (p|q) \tag{3.1}$$

をみたす．

証明 f は合同変換であるから，任意の $p \in \mathbb{R}^2$ に対し

$$\mathrm{d}(f(p), f(\mathbf{0})) = \mathrm{d}(p, \mathbf{0}) = |p - \mathbf{0}| = |p|$$

をみたす．一方 $f(\mathbf{0}) = \mathbf{0}$ より

$$\mathrm{d}(f(p), f(\mathbf{0})) = \mathrm{d}(f(p), \mathbf{0}) = |f(p) - \mathbf{0}| = |f(p)|$$

であるから

$$\text{任意の} p \in \mathbb{R}^2 \text{に対し } |f(p)| = |p|$$

を得た．ここで $\mathrm{d}(f(p), f(q)) = \mathrm{d}(p, q)$ は

$$|f(p) - f(q)|^2 = |p - q|^2$$

と書き直せることに注意しよう．この式に $|f(p)| = |p|$, $|f(q)| = |q|$ を代入すると

$$(f(p)|f(q)) = (p|q)$$

を得る．■

補題 3.1.2 $f \in \mathrm{E}(2)$ は原点を動かさなければ線型変換である．すなわち任意のベクトル p,q と任意の実数 λ に対し

$$f(p + q) = f(p) + f(q), \quad f(\lambda p) = \lambda f(p)$$

をみたす．

証明 補題 3.1.1 を用いる．$p \in \mathbb{R}^2$ と $\lambda \in \mathbb{R}$ に対し

$$|f(\lambda p) - \lambda f(p)|^2 = |f(\lambda p)|^2 - 2(f(\lambda p)|(\lambda f(p))) + |\lambda|^2 |f(p)|^2$$
$$= |\lambda p|^2 - 2(\lambda p|(\lambda p)) + |\lambda|^2 |p|^2 = 0.$$

したがって $f(\lambda p) = \lambda f(p)$ が成立することが証明された．

次に $f(\bm{p}+\bm{q})$ と $f(\bm{p})+f(\bm{q})$ を比べる.

$$|f(\bm{p}+\bm{q}) - (f(\bm{p})+f(\bm{q}))|^2$$
$$= |f(\bm{p}+\bm{q})|^2 - 2(f(\bm{p}+\bm{q})|(f(\bm{p})+f(\bm{q}))) + |f(\bm{p})+f(\bm{q})|^2$$
$$= |\bm{p}+\bm{q}|^2 - 2(f(\bm{p}+\bm{q})|(f(\bm{p})+f(\bm{q}))) + |\bm{p}+\bm{q}|^2.$$

ここで

$$(f(\bm{p}+\bm{q})|(f(\bm{p})+f(\bm{q}))) = (f(\bm{p}+\bm{q})|f(\bm{p})) + (f(\bm{p}+\bm{q})|f(\bm{q}))$$
$$= ((\bm{p}+\bm{q})|\bm{p}) + ((\bm{p}+\bm{q})|\bm{q}) = |\bm{p}+\bm{q}|^2$$

だから

$$|f(\bm{p}+\bm{q}) - (f(\bm{p})+f(\bm{q}))|^2 = 2|\bm{p}+\bm{q}|^2 - 2|\bm{p}+\bm{q}|^2 = 0.$$

したがって

$$f(\bm{p}+\bm{q}) = f(\bm{p}) + f(\bm{q}).$$

以上より f は線型変換である. ∎

この補題より f は行列 A を用いて

$$f(\bm{p}) = A\bm{p}$$

と表すことができる. 実際, $\bm{e}_1 = (1,0)$ と $\bm{e}_2 = (0,1)$ を用いて計算してみよう. $\bm{p} = (x,y) = (x,0) + (0,y) = x\bm{e}_1 + y\bm{e}_2$ と表せるから

$$f(\bm{p}) = f(x\bm{e}_1 + y\bm{e}_2) = xf(\bm{e}_1) + yf(\bm{e}_2).$$

ここで

$$f(\bm{e}_1) = \begin{pmatrix} a_{11} \\ a_{21} \end{pmatrix}, \quad f(\bm{e}_2) = \begin{pmatrix} a_{12} \\ a_{22} \end{pmatrix}$$

とおけば

$$f(\bm{p}) = \begin{pmatrix} a_{11}x + a_{12}y \\ a_{21}x + a_{22}y \end{pmatrix} = \begin{pmatrix} a_{11} & a_{12} \\ a_{21} & a_{22} \end{pmatrix} \begin{pmatrix} x \\ y \end{pmatrix}$$

となるので

$$A = \begin{pmatrix} a_{11} & a_{12} \\ a_{21} & a_{22} \end{pmatrix}$$

と定めればよい．

合同変換 f を表す行列 A の性質を調べよう．ここで次の記法を定めておく．

定義 2次行列
$$A = \begin{pmatrix} a & b \\ c & d \end{pmatrix}$$
に対し
$${}^tA = \begin{pmatrix} a & c \\ b & d \end{pmatrix}$$
とおき，これを A の**転置行列**とよぶ．実数を成分とする 2 行 2 列の行列すべてを集めてできる集合を $\mathrm{M}_2\mathbb{R}$ で表す．

補題 3.1.3 $A \in \mathrm{M}_2\mathbb{R}$ に対し次は同値：
(1) A は内積を保つ，すなわち任意の 2 本のベクトル $\bm{p}, \bm{q}$ に対し $(A\bm{p}|A\bm{q}) = (\bm{p}|\bm{q})$ をみたす．
(2) ベクトルの長さを保つ，すなわち任意のベクトル $\bm{p}$ に対し $|A\bm{p}| = |\bm{p}|$ をみたす．
(3) ${}^tAA = A{}^tA = $ 単位行列 E．
(4) $A = (\bm{a}_1\ \bm{a}_2)$ と列ベクトルを並べたもので表示したとき
$$(\bm{a}_1|\bm{a}_1) = (\bm{a}_2|\bm{a}_2) = 1, \quad (\bm{a}_1|\bm{a}_2) = 0.$$

証明 (1) $\Rightarrow$ (2) は明らか．(2) $\Rightarrow$ (1) は演習問題とする．(2) $\Leftrightarrow$ (3) を示す．

$$\begin{aligned}
(2) &\iff \text{任意の}\bm{p} \in \mathbb{R}^2 \text{に対し } (A\bm{p}|A\bm{p}) = (\bm{p}|\bm{p}). \\
&\iff \text{任意の}\bm{p} \in \mathbb{R}^2 \text{に対し } (\bm{p}|({}^tAA)\bm{p}) = (\bm{p}|\bm{p}). \\
&\iff \text{任意の}\bm{p} \in \mathbb{R}^2 \text{に対し } (\bm{p}|({}^tAA - E)\bm{p}) = \bm{0}. \\
&\iff {}^tAA = E. \quad \text{これは (3)}.
\end{aligned}$$

次に $A = (\bm{a}_1\ \bm{a}_2)$ と列ベクトルを並べたものとして表しておくと

$$
{}^t AA = \begin{pmatrix} (\boldsymbol{a}_1|\boldsymbol{a}_1) & (\boldsymbol{a}_1|\boldsymbol{a}_2) \\ (\boldsymbol{a}_2|\boldsymbol{a}_1) & (\boldsymbol{a}_2|\boldsymbol{a}_2) \end{pmatrix}
$$

だから $(3) \Leftrightarrow (4)$ がわかる． ∎

問 3.1.4 $(2) \Rightarrow (1)$ を示せ．

この補題における条件をみたす 2 次行列を 2 次の**直交行列**とよぶ．直交行列の定める $\mathbb{R}^2$ の線型変換を**直交変換**という．

この補題から次を得る．

命題 3.1.5 変換 $f : \mathbb{R}^2 \to \mathbb{R}^2$ が原点を動かさない合同変換であるための必要十分条件は f が直交変換であることである．

定義 $\mathrm{O}(2) = \{ A \in \mathrm{M}_2 \mathbb{R} \mid {}^t AA = E \}$ は行列の乗法を演算として群をなす．この群を 2 次**直交群**とよぶ．

注意 3.1.6 (群) 空でない集合 G の任意の 2 元 a, b に対し第 3 の元 ab が定まっているとき G を**演算域**という．演算域においては写像

$$
G \times G \to G; \ (a, b) \longmapsto ab
$$

が定まっている．この写像を演算という．また ab を a と b の積とよぶ．

演算域 G が**結合法則**：
$$
(ab)c = a(bc)
$$
をみたすとき，G は**半群**をなすという．さらに半群 G が以下の条件をみたすとき G は**群**をなすという．

1) ある特別な元 $e \in G$ が存在して，すべての $a \in G$ に対し $ae = ea = a$ が成立する．この e を**単位元**という．
2) 任意の $a \in G$ に対し $ax = xa = e$ をみたす $x \in G$ が存在する．x を a の**逆元**とよび a^{-1} で表す．

群 G において，すべての $a, b \in G$ が $ab = ba$ をみたすとき，G を**可換群** (または**アーベル群**) とよぶ．

群 G の部分集合 H が G の演算に関し群をなすとき H は G の**部分群**であるという．

問 3.1.7 次の問いに答えよ．
(1) $\mathrm{O}(2)$ が群をなすことを確かめよ．
(2) $A \in \mathrm{O}(2)$ ならば $\det A = \pm 1$ を示せ．
(3) $\mathrm{SO}(2) = \{ A \in \mathrm{O}(2) \mid \det A = 1 \}$ は $\mathrm{O}(2)$ の部分群であることを確かめよ．

(4)　SO(2) は

$$SO(2) = \{R(\theta) \mid \theta \in [0, 2\pi)\}, \quad R(\theta) = \begin{pmatrix} \cos\theta & -\sin\theta \\ \sin\theta & \cos\theta \end{pmatrix}$$

と表せることを確かめよ．$R(\theta)$ の定める線型変換は原点を中心とする回転角 θ の回転である．群 SO(2) を 2 次**回転群**とよぶ．

注意 3.1.8 $A \in O(2)$, $\det A = -1$ は

$$A = \begin{pmatrix} \cos\theta & \sin\theta \\ \sin\theta & -\cos\theta \end{pmatrix}$$

と表される ([53, p. 63] 参照)．

三角函数の加法定理より

$$R(\theta)R(\phi) = R(\theta + \phi) = R(\phi)R(\theta)$$

を得るから SO(2) は可換群である (この事実は定理 3.2.1 の証明で使う)．

問 3.1.9 区間 I で定義された行列値函数 $X(t): I \to SO(2)$ に対し $X^{-1}dX/dt$ は交代行列，すなわち ${}^t(X^{-1}dX/dt) = -X^{-1}dX/dt$ をみたすことを確かめよ (ヒント: 補題 13.1.1 の証明を参照)．

注意 3.1.10 (専門的注意)　SO(2) はリー群の構造をもつ．問 3.1.9 は SO(2) のリー環が

$$\mathfrak{so}(2) = \{X \in M_2\mathbb{R} \mid {}^tX = -X\}$$

で与えられることを意味する．$\mathfrak{so}(2)$ は

$$\mathfrak{so}(2) = \{aJ \mid a \in \mathbb{R}\}$$

と表すことができる．ここで J は原点を中心とする 90° の回転を表す行列である (2.1 節参照)．

定理 3.1.11　f が $\mathbb{R}^2$ の合同変換ならば

$$f(\boldsymbol{p}) = A\boldsymbol{p} + \boldsymbol{b}, \quad A \in O(2),\ \boldsymbol{b} \in \mathbb{R}^2$$

と一意的に表される．逆に，この形の変換は合同変換である．

証明　f を合同変換とし $\boldsymbol{b} = f(\boldsymbol{0})$ とおく．変換 g を $g(\boldsymbol{p}) = f(\boldsymbol{p}) - \boldsymbol{b}$ で定義すると，明らかに g も合同変換．しかも $g(\boldsymbol{0}) = \boldsymbol{0}$ だからある直交行列 A により $g(\boldsymbol{p}) = A\boldsymbol{p}$ と表される．したがって $f(\boldsymbol{p}) = A\boldsymbol{p} + \boldsymbol{b}$. ∎

合同変換の合成を計算してみよう．$f(\bm{p}) = A\bm{p} + \bm{b}$, $g(\bm{p}) = C\bm{p} + \bm{d}$ とすると

$$g(f(\bm{p})) = g(A\bm{p}+\bm{b}) = C(A\bm{p}+\bm{b}) + \bm{d} = (CA)\bm{p} + (C\bm{b}+\bm{d}).$$

したがって，とくに $C = A^{-1}$, $\bm{d} = -C\bm{b} = -A^{-1}\bm{b}$ と選べば $g(f(\bm{p})) = \bm{p}$. つまり $g = f^{-1}$ である．E(2) を直交行列とベクトルのなす組全体と思うことにしよう：

$$\mathrm{E}(2) = \{(A, \bm{b}) \mid A \in \mathrm{O}(2),\ \bm{b} \in \mathbb{R}^2\}.$$

$(A, \bm{b}) \in \mathrm{E}(2)$ に対し，この組が定める合同変換を同じ記号 $(A, \bm{b})$ で表すことにする．

$$(A, \bm{b})(\bm{p}) = A\bm{p} + \bm{b}.$$

$\mathbb{R}^2$ の**恒等変換**を I と表記する．すなわち $\mathrm{I}\colon \mathbb{R}^2 \to \mathbb{R}^2$ は

$$\mathrm{I}(\bm{p}) = \bm{p}$$

で定まる変換である．明らかに恒等変換 I は合同変換である．単位行列 E と零ベクトル $\bm{0}$ を用いて $\mathrm{I} = (E, \bm{0}) \in \mathrm{E}(2)$ と表せることに注意しよう．

先ほど計算した合成規則から次のことがわかる：

$$(C, \bm{d}) \circ (A, \bm{b}) = (CA, C\bm{b}+\bm{d}),$$
$$(A, \bm{b}) \circ (E, \bm{0}) = (E, \bm{0}) \circ (A, \bm{b}) = (A, \bm{b}),$$
$$(A, \bm{b}) \circ (A^{-1}, -A^{-1}\bm{b}) = (E, \bm{0}).$$

さらに結合法則：

$$\{(A, \bm{b}) \circ (C, \bm{d})\} \circ (F, \bm{g}) = (A, \bm{b}) \circ \{(C, \bm{d}) \circ (F, \bm{g})\}$$

をみたすことも確かめられる．

とくに I は E(2) の単位元であることがわかる．

定理 3.1.12 E(2) は合成に関し群をなす．E(2) を $\mathbb{R}^2$ の**合同変換群**(または **2 次ユークリッド群**) とよぶ．E(2) の部分群

$$\mathrm{SE}(2) = \{(A, \bm{b}) \in \mathrm{E}(2) \mid A \in \mathrm{SO}(2)\}$$

を $\mathbb{R}^2$ の**運動群**とよぶ．$f \in \mathrm{SE}(2)$ を**運動**とよぶ．

合同変換群 $\mathrm{E}(2)$，運動群 $\mathrm{SE}(2)$ について，さらに詳しく知りたい人には拙著[53]を紹介しておく．

3.2　平面曲線論の基本定理

さて話を径数付曲線に戻そう．弧長径数 s を径数とする径数付曲線 $\boldsymbol{p}(s)$ のフレネ標構 $F(s)$ は $\mathrm{SO}(2)$ に値をもつ．実際 $F(s) = (\boldsymbol{T}(s), \boldsymbol{N}(s))$ は

$$(\boldsymbol{T}(s)|\boldsymbol{T}(s)) = (\boldsymbol{N}(s)|\boldsymbol{N}(s)) = 1, \qquad (\boldsymbol{T}(s)|\boldsymbol{N}(s)) = 0,$$

$$\det F(s) = x'(s)^2 + y'(s)^2 = 1$$

をみたす．

定理 3.2.1 (一意性定理)　2つの径数付曲線が運動で重ね合わせられるための必要十分条件は，両者の曲率が一致することである．

証明　($\Rightarrow$) 弧長で径数表示された曲線

$$\boldsymbol{p}(s) : I \to \mathbb{R}^2$$

に対し $\tilde{\boldsymbol{p}}(s) := A\boldsymbol{p}(s) + \boldsymbol{b}$ とおく．ここで $A \in \mathrm{SO}(2)$．すると

$$\frac{\mathrm{d}}{\mathrm{d}s}\tilde{\boldsymbol{p}}(s) = A\boldsymbol{p}'(s) = A\boldsymbol{T}(s)$$

であるから s は $\tilde{\boldsymbol{p}}(s)$ の弧長径数でもある．$\tilde{\boldsymbol{p}}(s)$ のフレネ標構 $\tilde{F}(s) = (\tilde{\boldsymbol{T}}(s), \tilde{\boldsymbol{N}}(s))$ を求めよう．

$$\tilde{\boldsymbol{T}}(s) = A\boldsymbol{T}(s), \qquad \tilde{\boldsymbol{N}}(s) = J\tilde{\boldsymbol{T}}(s) = JA\boldsymbol{T}(s)$$

ここで $JA = AJ$ であるから (注意 3.1.8 参照)

$$\tilde{F}(s) = (A\boldsymbol{T}(s), AJ\boldsymbol{T}(s)) = (A\boldsymbol{T}(s), A\boldsymbol{N}(s)) = AF(s)$$

を得る．$\tilde{\boldsymbol{p}}(s)$ の曲率 $\tilde{\kappa}(s)$ を求める．

$$(\tilde{\boldsymbol{T}}(s))' = A\boldsymbol{T}'(s) = A(\kappa(s)\boldsymbol{N}(s)) = \kappa(s)\tilde{\boldsymbol{N}}(s).$$

したがって $\tilde{\kappa} = \kappa$.

($\Leftarrow$) 同一の区間で定義された2つの径数付曲線 $p(s)$ と $\tilde{p}(s)$ の曲率が一致すると仮定する．

合同変換を施すことで

$$p(0) = \tilde{p}(0), \qquad p'(0) = \tilde{p}'(0)$$

と仮定してもよい．すると

$$N(0) = JT(0) = J\tilde{T}(0) = \tilde{N}(0)$$

であるから $F(0) = \tilde{F}(0)$ をみたす．

$$U(s) = F(s)^{-1} F'(s) = \begin{pmatrix} 0 & -\kappa(s) \\ \kappa(s) & 0 \end{pmatrix}$$

とおくと仮定より $\tilde{F}(s)^{-1} \tilde{F}'(s) = U(s)$ である．目標はすべての s に対し $F(s) = \tilde{F}(s)$ をみたすことを証明することである．

$$F = \tilde{F} \iff F\tilde{F}^{-1} = E \iff F^t\tilde{F} = E$$

であることに着目して $(F^t\tilde{F})'$ を計算してみる．${}^tU = -U$ に注意すると

$$(F^t\tilde{F})' = F'{}^t\tilde{F} + F^t(\tilde{F}') = FU^t\tilde{F} + F^t(\tilde{F}U)$$
$$= FU^t\tilde{F} - FU^t\tilde{F} = O.$$

したがって $F^t\tilde{F}$ は s に依存しないから，ある行列 C を用いて $F^t\tilde{F} = C$ と表せる．両辺で $s = 0$ とすると $C = E$ を得る．すなわち $F(s) = \tilde{F}(s)$ がいえる．これよりすべての s に対し $p'(s) = \tilde{p}'(s)$ が成立する．したがって $p(s) = \tilde{p}(s) + c$ (c は定ベクトル) と表される．$s = 0$ とすることで $c = 0$ を得るから $p(s) = \tilde{p}(s)$ がわかった．■

定理 3.2.2 (平面曲線論の基本定理) $\ell > 0$ とする．区間 $[0, \ell]$ 上のなめらかな函数 $\kappa(s)$ に対し，s を弧長径数，$\kappa(s)$ を曲率にもつなめらかな径数付曲線 $p : [0, \ell] \to \mathbb{R}^2$ が存在する．そのような径数付曲線は運動で重なるものを除き一意的である．

3.2 平面曲線論の基本定理

この定理の証明をするための準備をしよう．弧長径数表示された曲線 $\boldsymbol{p}(s)$ の単位接ベクトル場 $\boldsymbol{T}(s)$ を

$$\boldsymbol{T}(s) = (\cos\theta(s), \sin\theta(s))$$

と表そう．θ は $\boldsymbol{p}(s)$ における曲線の接線が x 軸となす角であり角函数とよばれていた (例 2.2.7)．角函数の導函数を求めると

$$\frac{\mathrm{d}}{\mathrm{d}s}\theta(s) = \kappa(s) \tag{3.2}$$

である．実際

$$\boldsymbol{T}'(s) = (-\sin\theta(s)\theta'(s), \cos\theta(s)\theta'(s)).$$

一方

$$\boldsymbol{T}'(s) = \kappa(s)N(s) = \kappa(s)J\boldsymbol{T}(s) = \kappa(s)(-\sin\theta(s), \cos\theta(s))$$

であるから両者を比較して $\theta'(s) = \kappa(s)$ を得る[*1]．

定理の証明 存在をいえばよい (一意性についてはすでに示してあるから)．与えられた函数 $\kappa(s)$ を用いて

$$\theta(s) = \int_0^s \kappa(s)\,\mathrm{d}s + \theta_0$$

とおく．さらに

$$\boldsymbol{p}(s) = \int_0^s (\cos\theta(s), \sin\theta(s))\,\mathrm{d}s + \boldsymbol{p}_0$$

とおけば $\boldsymbol{p}(s)$ が求める曲線である．実際

$$\begin{aligned}\frac{\mathrm{d}}{\mathrm{d}s}\boldsymbol{p}(s) &= \frac{\mathrm{d}}{\mathrm{d}s}\int_0^s (\cos\theta(s), \sin\theta(s))\,\mathrm{d}s \\ &= (\cos\theta(s), \sin\theta(s))\end{aligned}$$

より s は $\boldsymbol{p}$ の弧長径数．さらに

$$\frac{\mathrm{d}^2}{\mathrm{d}s^2}\boldsymbol{p}(s) = (-\sin\theta(s), \cos\theta(s))\,\theta'(s) = \kappa(s)J\boldsymbol{p}'(s)$$

[*1] ケストナー (Abraham Gotthelf Kästner, 1719–1800) は *Anfangsgründe der Analysis der Unendlichen–Die mathematischen Anfangsgründe*, Göttingen. 3 Teil, 2 Abteilung (1761) において (3.2) で曲率を定義した．

より $\bm{p}(s)$ の曲率は $\kappa(s)$. ∎

系 3.2.3 (平面曲線の表現公式) $\ell > 0$ とする．区間 $[0,\ell]$ 上のなめらかな函数 $\kappa(s)$ に対し，s を弧長径数，$\kappa(s)$ を曲率にもつなめらかな径数付曲線 $\bm{p}: [0,\ell] \to \mathbb{R}^2$ で初期条件 $\bm{p}(0) = \bm{p}_0$, $\bm{p}'(0) = (\cos\theta_0, \sin\theta_0)$ をみたすものは

$$\bm{p}(s) = \int_0^s (\cos\theta(s), \sin\theta(s))\,\mathrm{d}s + \bm{p}_0, \tag{3.3}$$

$$\theta(s) = \int_0^s \kappa(s)\,\mathrm{d}s + \theta_0 \tag{3.4}$$

で与えられる．

問 3.2.4 定数 $\kappa \neq 0$ に対し，κ を曲率にもつ平面曲線を表現公式を用いて求めよ (もちろん答えは円)．

問 3.2.5 定数 $c \neq 0$ に対し $\kappa(s) = 1/(s+c)$ を曲率にもつ平面曲線を，表現公式を用いて求めよ (答えは対数螺旋)．

問 3.2.6 $\ell > 0$ とする．弧長径数 s で径数表示された正則曲線 $\bm{p}: [0,\ell] \to \mathbb{R}^2$ が条件
- $\bm{p}$ は閉曲線，すなわち，$\bm{p}(0) = \bm{p}(\ell)$,
- $\bm{p}'(0) = \bm{p}'(\ell)$

をみたすとする．このとき

$$i(\bm{p}) = \frac{1}{2\pi}\int_0^\ell \kappa(s)\,\mathrm{d}s$$

は整数であることを証明せよ．$i(\bm{p})$ を $\bm{p}$ の**回転数**(または**回転指数**) とよぶ．(ヒント: (3.4) を使う)．

曲率で平面曲線は決定される．曲率に関する方程式，$\kappa = $ 定数 $\neq 0$ (円) や $\kappa(s) = s$ の 1 次式 (クロソイド) は，「曲線の特徴づけ」を与えている．古典微分幾何では，曲率を指定する条件式を曲線の**自然方程式**(natural equation) とよんでいた．

第4章

楕 円 函 数

円は楕円の特別なものである．三角函数が円の定める函数であるなら，楕円が定める函数があってよさそうである．この章では楕円積分と三角函数を見比べて，三角函数を変形してみる．

4.1 ヤコビの楕円函数

正弦函数 $x = \sin u$ の逆函数を思い出そう．区間 $-\pi/2 \leq u \leq \pi/2$ で逆函数 $u = \sin^{-1} x$ が定まる (図 4.1)．

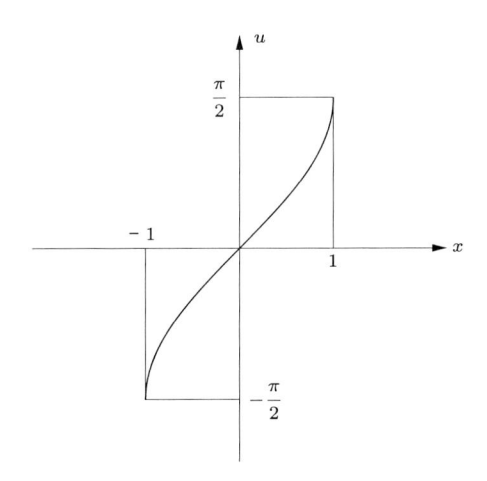

図 4.1 逆正弦函数 $u = \sin^{-1} x$

逆正弦函数 $\sin^{-1}$ の導函数を求めよう．
$$\frac{du}{dx} = \frac{d}{dx}\sin^{-1} x = \frac{1}{\frac{dx}{du}} = \frac{1}{\cos u} = \frac{1}{\sqrt{1-x^2}}.$$

つまり
$$\frac{\mathrm{d}}{\mathrm{d}x}\sin^{-1}x = \frac{1}{\sqrt{1-x^2}} \qquad (-1\leq x\leq 1)$$
であるから
$$\sin^{-1}x = \int_0^x \frac{\mathrm{d}x}{\sqrt{1-x^2}} \tag{4.1}$$
と表せる．この表示式の右辺を少し変形してみよう．$0<k<1$ をみたす定数 k に対し函数
$$u(x) = \int_0^x \frac{\mathrm{d}x}{\sqrt{(1-x^2)(1-k^2x^2)}} \qquad (-1\leq x\leq 1)$$
を考える．

$x=\sin\varphi$ とおくと $\mathrm{d}x = \cos\varphi\,\mathrm{d}\varphi$ より
$$u = \int_0^\varphi \frac{\cos\varphi\,\mathrm{d}\varphi}{\cos\varphi\sqrt{1-k^2\sin^2\varphi}} = \int_0^\varphi \frac{\mathrm{d}\varphi}{\sqrt{1-k^2\sin^2\varphi}}.$$

この右辺を $F(k,\varphi)$ とおく．$u(x)$ は連続であり単調増加でもあるので，連続な逆函数をもつ．その逆函数を $x = \mathrm{sn}\,(u;k)$ と表す．k の値が明らかなときは $x = \mathrm{sn}\,u$ と略記する．函数 $\mathrm{sn}(u;k)$ を **sn 函数**とよぶ．定数 k を sn 函数の**母数**とよぶ．sn 函数は奇函数であり，$-K(k)\leq u\leq K(k)$ で定義されている．ここで $K(k)$ は次の式で定義される．
$$K(k) = \int_0^1 \frac{\mathrm{d}x}{\sqrt{(1-x^2)(1-k^2x^2)}} = \int_0^{\frac{\pi}{2}} \frac{\mathrm{d}\varphi}{\sqrt{1-k^2\sin^2\varphi}}$$

母数 k が明らかなときは $K(k)$ を K と略記する．$\mathrm{sn}\,K = 1$, $\mathrm{sn}(-K) = -1$ である．

定義 k を $0<k<1$ をみたす定数とする．
$$F(k,\varphi) = \int_0^\varphi \frac{\mathrm{d}\varphi}{\sqrt{1-k^2\sin^2\varphi}}$$
と定め，母数 k の**第 1 種不完全楕円積分**という．また $K(k) = F(k,\pi/2)$ を**第 1 種完全楕円積分**とよぶ．

級数展開
$$K(k) = \frac{\pi}{2}\left(1 + \frac{1^2}{2^2}k^2 + \frac{1^2\cdot 3^2}{2^2\cdot 4^2}k^4 + \frac{1^2\cdot 3^2\cdot 5^2}{2^2\cdot 4^2\cdot 6^2}k^6 + \cdots\right)$$

を用いて $K(k)$ の近似値を求めることができる．sn 函数の定義では母数 k は $0 < k < 1$ としていたが k の範囲を $0 \leq k \leq 1$ に広げることができる．$k = 0$ とすれば

$$\operatorname{sn}(u; 0) = \sin u, \quad K(0) = \frac{\pi}{2}$$

であることに注意しよう．また

$$u = \int_0^x \frac{\mathrm{d}x}{\sqrt{(1-x^2)^2}} = \tanh^{-1} x$$

より $\operatorname{sn}(u; 1) = \tanh u$ である．

$\operatorname{sn}(u; 0)$ は 2π を周期にもつ周期函数として $\mathbb{R}$ 上に拡張できる．一方，$\operatorname{sn}(u; 1)$ は周期函数ではないが $\mathbb{R}$ 全体に拡張できる．では $0 < k < 1$ のときに $\operatorname{sn}(u; k)$ を $\mathbb{R}$ に拡張できるだろうか．$K(0) = \pi/2$ であることから，$0 < k < 1$ のときは $\operatorname{sn}(u; k)$ を周期 $4K(k)$ の周期函数として $\mathbb{R}$ に拡張できるのではないかと期待できる．次節でこの拡張の仕方を考察しよう．

余弦函数 $\cos u$ の類似として cn 函数を

$$\operatorname{cn} u = \sqrt{1 - \operatorname{sn}^2 u} \tag{4.2}$$

で定義する．また dn 函数を

$$\operatorname{dn} u = \sqrt{1 - k^2 \operatorname{sn}^2 u} \tag{4.3}$$

で定める．sn 函数，cn 函数，dn 函数を**ヤコビの楕円函数**とよぶ．cn 函数，dn 函数は偶函数であることを注意しておく．また

$$\operatorname{cn} K = \operatorname{cn}(-K) = 0, \quad \operatorname{dn} K = \operatorname{dn}(-K) = \sqrt{1 - k^2}$$

である．ここで

$$\hat{k} = \sqrt{1 - k^2}$$

とおき，k の**補母数**とよぶ[*1]．

注意 4.1.1 正接函数 $\tan u$ の定義をまねて

$$\operatorname{tn} u = \frac{\operatorname{sn} u}{\operatorname{cn} u}$$

[*1] 楕円函数の教科書の多くでは補母数を k' と書いているので注意．

と定め tn 函数とよぶ．この本では tn 函数は用いない．

sn 函数の導函数を求めよう．
$$x = \operatorname{sn} u \iff u = \int_0^x \frac{\mathrm{d}x}{\sqrt{(1-x^2)(1-k^2x^2)}}$$
より
$$\frac{\mathrm{d}u}{\mathrm{d}x} = \frac{1}{\sqrt{(1-x^2)(1-k^2x^2)}}$$
であるから
$$\frac{\mathrm{d}}{\mathrm{d}u}\operatorname{sn} u = \sqrt{(1-x^2)(1-k^2x^2)} = \operatorname{cn} u \operatorname{dn} u.$$

命題 4.1.2 ヤコビの楕円函数の導函数は次で与えられる．
$$\frac{\mathrm{d}}{\mathrm{d}u}\operatorname{sn} u = \operatorname{cn} u \operatorname{dn} u, \tag{4.4}$$
$$\frac{\mathrm{d}}{\mathrm{d}u}\operatorname{cn} u = -\operatorname{sn} u \operatorname{dn} u, \tag{4.5}$$
$$\frac{\mathrm{d}}{\mathrm{d}u}\operatorname{dn} u = -k^2\operatorname{sn} u \operatorname{cn} u. \tag{4.6}$$

問 4.1.3 (4.5) と (4.6) を確かめよ．

ヤコビ (Carl Gustav Jacob Jacobi, 1804–1851)．ポツダム生まれ．ヤコビ行列式 (Jacobian) を導入したことでも知られる (1829)．函数行列式に関する論文『函数行列式』 *De determinantibus functionalibus* (1841) がある．またリー環論におけるヤコビの恒等式，ヤコビの 3 重積公式
$$\prod_{n=1}^{\infty}(1-q^n)(1+zq^n)(1+z^{-1}q^{n-1}) = \sum_{m=-\infty}^{\infty} z^m q^{m(m+1)/2}$$
でも知られる．

『楕円函数の新しい基礎』 *Fundamenta nova theoriae functionum ellipticarum* (1829) で sn 函数，cn 函数，dn 函数を導入した．ただし，sn, cn, dn という記法はグーデルマン (Christoph Gudermann, 1798-1851) による．楕円函数の歴史については J. スティルウェル，『数学のあゆみ (下)』，朝倉書店 (2008) を見るとよい．

4.2 加法定理

$\operatorname{sn}(u;0) = \sin u$ および $\operatorname{sn}(u;1) = \tanh u$ はそれぞれ加法定理

$$\sin(u+v) = \sin u \cos v + \cos u \sin v \tag{4.7}$$

$$\tanh(u+v) = \frac{\tanh u + \tanh v}{1 + \tanh u \tanh v} \tag{4.8}$$

をみたしている．また

$$\mathrm{cn}(u;0) = \cos u \qquad \mathrm{cn}(u;1) = \mathrm{sech}\, u$$
$$\mathrm{dn}(u;0) = 1 \qquad \mathrm{dn}(u;1) = \mathrm{sech}\, u$$

をみたしている．$\sin$ の加法定理は

$$\sin(u+v) = \sin u \frac{\mathrm{d}}{\mathrm{d}v}\sin v + \frac{\mathrm{d}}{\mathrm{d}u}\sin u \sin v$$

と書き直せる．一方

$$\frac{\mathrm{d}}{\mathrm{d}v}\tanh v = \mathrm{sech}^2 v = 1 - \tanh^2 v$$

であるから

$$\tanh u \frac{\mathrm{d}}{\mathrm{d}v}\tanh v + \frac{\mathrm{d}}{\mathrm{d}u}\tanh u \tanh v$$
$$= \tanh u(1 - \tanh^2 v) + (1 - \tanh^2 u)\tanh v$$
$$= (\tanh u + \tanh v)(1 - \tanh u \tanh v)$$

を得る．したがって

$$\frac{\tanh u \frac{\mathrm{d}}{\mathrm{d}v}\tanh v + \frac{\mathrm{d}}{\mathrm{d}u}\tanh u \tanh v}{1 - \tanh u \tanh v}$$
$$= \tanh u + \tanh v$$
$$= \tanh(u+v)(1 + \tanh u \tanh v).$$

この式から

$$\tanh(u+v) = \frac{\tanh u \frac{\mathrm{d}}{\mathrm{d}v}\tanh v + \frac{\mathrm{d}}{\mathrm{d}u}\tanh u \tanh v}{1 - \tanh^2 u \tanh^2 v}$$

を得た．以上より $f(u) = \tanh u$ は

$$f(u+v) = \frac{f(u)\frac{\mathrm{d}}{\mathrm{d}v}f(v) + \frac{\mathrm{d}}{\mathrm{d}u}f(u)f(v)}{1 - k^2 f(u)^2 f(v)^2} \tag{4.9}$$

で $k=1$ とした式をみたすことがわかった．$f(u) = \sin u$ は (4.9) で $k=0$ とした式をみたしている．そこで $\mathrm{sn}(u;k)$ も (4.9) をみたすのではないかという

予想が立つ．実際この予想は正しく sn 函数の加法定理は次で与えられる．

定理 4.2.1 (加法定理)　ヤコビの楕円函数は次をみたす．

$$\operatorname{sn}(u+v) = \frac{\operatorname{sn} u \operatorname{cn} v \operatorname{dn} v + \operatorname{sn} v \operatorname{cn} u \operatorname{dn} u}{1 - k^2 \operatorname{sn}^2 u \operatorname{sn}^2 v}, \tag{4.10}$$

$$\operatorname{cn}(u+v) = \frac{\operatorname{cn} u \operatorname{cn} v - \operatorname{sn} u \operatorname{sn} v \operatorname{dn} u \operatorname{dn} v}{1 - k^2 \operatorname{sn}^2 u \operatorname{sn}^2 v}, \tag{4.11}$$

$$\operatorname{dn}(u+v) = \frac{\operatorname{dn} u \operatorname{dn} v - k^2 \operatorname{sn} u \operatorname{sn} v \operatorname{cn} u \operatorname{cn} v}{1 - k^2 \operatorname{sn}^2 u \operatorname{sn}^2 v} \tag{4.12}$$

ここで紹介した加法定理の式を予想する方法は戸田盛和[119]による．加法定理の証明は安藤[6]，戸田[119]を参照のこと．

ヤコビの楕円函数を $\mathbb{R}$ 全体に拡張しよう．拡張にあたっては sn 函数の加法定理が $\mathbb{R}$ 上でも成立するように要請しよう．(4.10) が $\mathbb{R}$ 上で成立していると仮定すると

$$\operatorname{sn}(2K) = \operatorname{sn}(K+K) = 0$$

となる．このことから $\operatorname{sn}(2K) = 0$ と**定義**すればよいことがわかる．同様に

$$\operatorname{cn}(2K) = -1, \qquad \operatorname{dn}(2K) = 1$$

と定義すればよい．すると

$$\operatorname{sn}(u+4K) = \operatorname{sn}((u+2K)+2K) = \operatorname{sn} u,$$
$$\operatorname{cn}(u+4K) = \operatorname{cn}((u+2K)+2K) = \operatorname{cn} u$$

と計算されるはず．したがって

$$\operatorname{sn}(u+4K) = \operatorname{sn} u, \qquad \operatorname{cn}(u+4K) = \operatorname{cn} u$$

と定めればよいことがわかった．また sn は奇函数，cn は偶函数であったから

$$\operatorname{sn}(-u) = -\operatorname{sn} u, \qquad \operatorname{cn}(-u) = \operatorname{cn} u$$

と定めればよい．以上より sn は周期 $4K$ をもつ周期函数で，さらに奇函数として $\mathbb{R}$ 全体で定義された函数に拡張できた．同様に cn は周期 $4K$ をもつ周期函数かつ偶函数として $\mathbb{R}$ 全体に拡張できた．dn は周期 $2K$ の周期函数かつ偶函数として拡張された (図 4.2)．

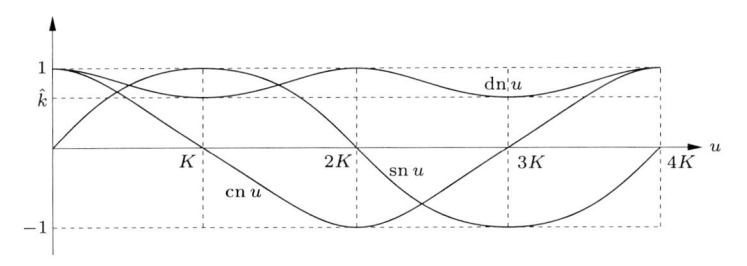

図 4.2　sn, cn, dn 函数

注意 4.2.2 (複素変数への拡張)　ヤコビの楕円函数は，加法定理を用いて複素平面 $\mathbb{C}$ 上の函数に拡張できる．実際，複素数 $w = u + vi$ (i は虚数単位) に対し

$$\operatorname{sn} w = \operatorname{sn}(u + vi)$$

と加法定理を用いて $\operatorname{sn} w$ を定義すればよいのだから，$v \in \mathbb{R}$ に対し $\operatorname{sn}(vi)$ が定義できていればよい．$\operatorname{cn} w, \operatorname{dn} w$ についても同様である．$\operatorname{sn}(vi), \operatorname{cn}(vi), \operatorname{dn}(vi)$ はそれぞれ

$$\operatorname{sn}(vi; k) = \frac{\operatorname{sn}(v; \hat{k})}{\operatorname{cn}(v; \hat{k})} i, \qquad \operatorname{cn}(vi; k) = \frac{1}{\operatorname{cn}(v; \hat{k})}, \qquad \operatorname{dn}(vi; k) = \frac{\operatorname{dn}(v; \hat{k})}{\operatorname{cn}(v; \hat{k})}$$

で定義される．([6, 3.2 節])．

4.3　積　分　公　式

sn 函数の定義から

$$\int_0^x \frac{\mathrm{d}x}{\sqrt{(1-x^2)(1-k^2 x^2)}} = \operatorname{sn}^{-1}(x; k) \qquad (0 < k < 1, \ |x| \le 1)$$

という積分表示式を得ていた．同様の積分表示式を cn, dn についても挙げておこう．

$x = \operatorname{cn} u$ に対し

$$\operatorname{sn} u = \sqrt{1 - x^2}, \qquad \operatorname{dn} u = \sqrt{1 - k^2 \operatorname{sn}^2 u} = \sqrt{\hat{k}^2 + k^2 x^2},$$

である．ただし，$\hat{k}$ は k の補母数である．すると

$$\frac{\mathrm{d}x}{\mathrm{d}u} = -\operatorname{sn} u \operatorname{dn} u = -\sqrt{(1-x^2)(\hat{k}^2 + k^2 x^2)}.$$

$\operatorname{cn} 0 = 1$ に注意すると

$$u = -\int_1^x \frac{\mathrm{d}x}{\sqrt{(1-x^2)(\hat{k}^2 + k^2 x^2)}} = \mathrm{cn}^{-1}(x;k).$$

同様にして

$$\mathrm{dn}^{-1}(x;k) = -\int_1^x \frac{\mathrm{d}x}{\sqrt{(1-x^2)(x^2 - \hat{k}^2)}}.$$

あとの必要上，これらの式をもうすこし一般化しておく．

命題 4.3.1 $0 \leq x \leq b$ のとき

$$I = \int_x^b \frac{\mathrm{d}x}{\sqrt{(a^2+x^2)(b^2-x^2)}} = \frac{1}{\sqrt{a^2+b^2}} \mathrm{cn}^{-1}\left(\frac{x}{b}; \frac{b}{\sqrt{a^2+b^2}}\right) \quad (4.13)$$

証明 $x = bt$ ($0 \leq t \leq 1$) とおくと

$$I = \int_t^1 \frac{\mathrm{d}t}{\sqrt{(1-t^2)(a^2+b^2 t^2)}}.$$

これと

$$\mathrm{cn}^{-1}(x;k) = \int_x^1 \frac{\mathrm{d}x}{\sqrt{(1-x^2)(\hat{k}^2 + k^2 x^2)}}$$

を見比べると

$$k = \frac{b}{\sqrt{a^2+b^2}}$$

と選べばよいことがわかる．■

同様の計算で以下の積分表示式を得る．

命題 4.3.2

$$\int_x^a \frac{\mathrm{d}x}{\sqrt{(a^2-x^2)(x^2-b^2)}} = \frac{1}{a}\mathrm{dn}^{-1}\left(\frac{x}{a}; \frac{\sqrt{a^2-b^2}}{a}\right), \quad 0 < b \leq x \leq a, \tag{4.14}$$

$$\int_b^x \frac{\mathrm{d}x}{\sqrt{(a^2+x^2)(x^2-b^2)}} = \frac{1}{\sqrt{a^2+b^2}}\mathrm{cn}^{-1}\left(\frac{b}{x}; \frac{a}{\sqrt{a^2+b^2}}\right), \quad b \leq x, \tag{4.15}$$

$$\int_x^0 \frac{\mathrm{d}x}{\sqrt{(x^2+a^2)(x^2+b^2)}} = \frac{1}{a}\mathrm{cn}^{-1}\left(\frac{b}{\sqrt{b^2+x^2}};\frac{\sqrt{a^2-b^2}}{a}\right), \qquad b \leq a. \tag{4.16}$$

問 4.3.3 これらの積分表示式を確かめよ.

第5章

平面曲線の時間発展

これまで単独の平面曲線を調べてきた．この章では平面曲線を連続的に変形することを考える．連続変形を行うと曲線の1径数族が得られるから，無限個の平面曲線を一斉に取り扱うことになる．曲率は連続変形に伴ってどのように変化するのだろうか．

5.1 等周条件

数平面 $\mathbb{R}^2$ 上の径数付曲線 $p(u)$ が時間の進みにつれて変化しているとする．ただし u は弧長径数とは限らない一般の径数とする．時刻を t で表す．もとの曲線が 0 を含む区間 I で定義されているとする．時間の経過につれての変化によって

$$I \times \mathbb{R} \longrightarrow \mathbb{R}^2; \quad (u,t) \longmapsto p(u;t)$$

という2変数に依存する曲線が得られる．これは曲線の族 $\{p(u;t) \mid t \in \mathbb{R}\}$ が得られたと考えることもできる．このように時間とともに曲線を変化させることを**曲線の時間発展**とよぶ (図 5.1)．

各曲線 $p(u;t)$ の弧長径数を $s = s(u;t)$ で表す．

$$s(u;t) := \int_0^u \left|\frac{\partial p}{\partial u}(u;t)\right| du.$$

ここで時間発展は**弧長函数を保つ**という条件を要請しよう．つまりもとの曲線 $p(u;0)$ の弧長径数 s はどの t についてもやはり弧長径数であるということ，すなわち $\dfrac{\partial s}{\partial t} = 0$ である．元の曲線が閉曲線であれば**伸び縮みしない**ということを意味する．この条件を**等周条件**とよぶ．フレネ標構 $F = F(s;t) = (T(s;t), N(s;t))$ を用いて時間発展の下で $p(s;t)$ がどう変化するかを記述しよう．

5.1 等周条件

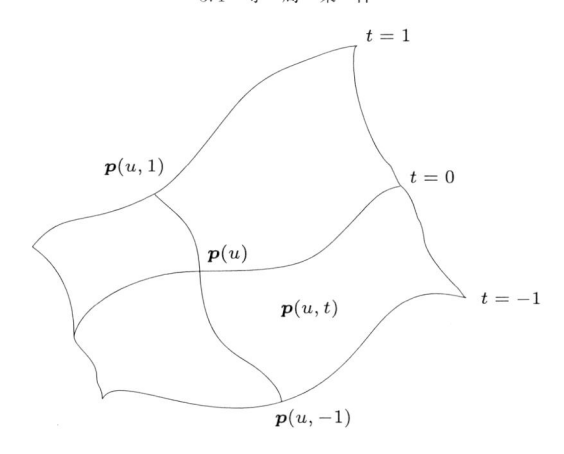

図 5.1 曲線の時間発展

$$\frac{\partial}{\partial t}\bm{p}(s;t) = g(s;t)\bm{T}(s;t) + f(s;t)\bm{N}(s;t) \tag{5.1}$$

と表示する．$\frac{\partial \bm{p}}{\partial u}$ を $\bm{p}_u$ と略記しよう．すると

$$\frac{\partial s}{\partial t} = \int_0^u \frac{\partial}{\partial t}\sqrt{(\bm{p}_u|\bm{p}_u)} = \int_0^u \frac{1}{2\sqrt{(\bm{p}_u|\bm{p}_u)}}\frac{\partial}{\partial t}(\bm{p}_u|\bm{p}_u)$$
$$= \int_0^u \frac{(\bm{p}_u|\bm{p}_{ut})}{\sqrt{(\bm{p}_u|\bm{p}_u)}}\mathrm{d}u$$

と計算される．ここで $\bm{p}_u = \alpha\,\bm{p}_s = \alpha\,\bm{T}$, $\alpha = \sqrt{(\bm{p}_u|\bm{p}_u)} > 0$ に注意すれば

$$\bm{p}_{ut} = \alpha(\bm{p}_t)_s = \alpha(g\bm{T} + f\bm{N})_s = \alpha\{(g_s - f\kappa)\bm{T} + (f_s + g\kappa)\bm{N}\}$$

が得られる．以上より

$$\frac{\partial s}{\partial t} = \int_0^u \alpha(g_s - f\kappa)\mathrm{d}u$$

が示されたので，等周条件と $g_s = f\kappa$ が同値であることがわかった．

フレネ標構が時間発展でどのように変化するかを調べよう．

$$\bm{T}_t = (\bm{p}_s)_t = (\bm{p}_t)_s = (g\bm{T} + f\bm{N})_s.$$

フレネの公式と等周条件から

$$\bm{T}_t = (g_s - f\kappa)\bm{T} + (f_s + g\kappa)\bm{N} = (f_s + g\kappa)\bm{N}. \tag{5.2}$$

次に
$$\boldsymbol{T}_{st} = (\kappa\,\boldsymbol{N})_t = \kappa_t \boldsymbol{N} + \kappa \boldsymbol{N}_t,$$
一方
$$\boldsymbol{T}_{ts} = \{(f_s + g\kappa)\boldsymbol{N}\}_s = (f_s + g\kappa)_s \boldsymbol{N} - \kappa(f_s + g\kappa)\boldsymbol{T}.$$

ここで $\boldsymbol{N}\cdot\boldsymbol{N} = 1$ の両辺を t で微分すると，$\boldsymbol{N}_t\cdot\boldsymbol{N} = 0$ を得る．この事実に注意して $\boldsymbol{T}_{ts} = \boldsymbol{T}_{st}$ を用いると

$$\boldsymbol{N}_t = -(f_s + g\kappa)\boldsymbol{T} \tag{5.3}$$

と

$$\kappa_t = (f_s + g\kappa)_s \tag{5.4}$$

が得られる．以上のことから曲線の時間発展 (5.1) からフレネ標構に対する連立の偏微分方程式

$$\frac{\partial}{\partial s}F = FU, \qquad \frac{\partial}{\partial t}F = FV, \tag{5.5}$$

$$U = \begin{pmatrix} 0 & -\kappa \\ \kappa & 0 \end{pmatrix}, \qquad V = \begin{pmatrix} 0 & -f_s - g\kappa \\ f_s + g\kappa & 0 \end{pmatrix} \tag{5.6}$$

が導かれた．

F はなめらか (C^∞ 級) なので $(F_s)_t = (F_t)_s$ をみたしている．この条件を計算してみる．

$$(F_s)_t - (F_t)_s = (FU)_t - (FV)_s = F_t U + F U_t - F_s V - F V_s$$
$$= F(VU + U_t - UV - V_s).$$

F は正則なので両辺に F^{-1} を左からかけて

$$U_t - V_s - UV + VU = O \tag{5.7}$$

が得られた．これを (5.5)–(5.6) の**積分可能条件**とよぶ．ここで $[U,V] = UV - VU$ という記号を導入して積分可能条件を

$$V_s - U_t + [U,V] = O \tag{5.8}$$

と書き直しておく．この式を具体的に計算すると (5.4) に一致することに注意

しよう. 等周条件 $g_s = f\kappa$ を (5.4) に代入すると

$$\kappa_t = f_{ss} + f\kappa^2 + g\kappa_s$$

となる.

積分可能条件の意味を補足説明しておこう.

定理 5.1.1 なめらかな函数 $\alpha(s,t), \beta(s,t) : \mathbb{R}^2 \to \mathbb{R}$ を用いて行列値函数 $U(s,t), V(s,t) : \mathbb{R}^2 \to \mathrm{M}_2\mathbb{R}$ を $U(s,t) = \alpha(s,t)J, V(s,t) = \beta(s,t)J$ で定める (注意 3.1.10 参照). このとき連立偏微分方程式

$$\frac{\partial}{\partial s}F = FU, \qquad \frac{\partial}{\partial t}F = FV$$

の解 $F(s,t) : \mathbb{R}^2 \to \mathrm{SO}(2)$ が存在するための必要十分条件は $V_s - U_t + [U,V] = O$, すなわち $\beta_s - \alpha_t = 0$ である.

5.2 mKdV 方程式

等周条件 $g_s = f\kappa$ をみたす函数の組 f, g を選び, 積分可能条件 $\kappa_t = f_{ss} + f\kappa^2 + g\kappa_s$ の解 $\kappa(s,t)$ を求める. すると定理 5.1.1 より $\kappa(s,t)$ を曲率にもつ曲線の族 $\{p(s;t)\}$ が存在することがいえる.

とくに $f(s;t) = -\kappa_s(s;t)$ と選ぶと, $g_s = -\kappa\kappa_s$ なので $g(s;t) = -\kappa(s;t)^2/2$ を選ぶことができる. このときの積分可能条件を求めてみると次の結果を得る (Lamb[70]-[71], Goldstein–Petrich[30]).

定理 5.2.1 曲線の時間発展

$$p_t = -\kappa_s N - \frac{1}{2}\kappa^2 T \tag{5.9}$$

に伴う曲率 $\kappa(s;t)$ の時間発展は

$$\kappa_t + \kappa_{sss} + \frac{3}{2}\kappa^2 \kappa_s = 0 \tag{5.10}$$

に従う.

(5.10) は**変形 KdV 方程式**(modified KdV 方程式) とよばれ非線型波動の研究で大切なものである (mKdV 方程式と略称する[120, p. 49, 69]).

注意 5.2.2 mKdV 方程式 (5.10) は

$$\kappa_t = -(\partial_s^2 + \kappa^2 + \kappa_s \partial_s^{-1} \cdot \kappa)\kappa_s$$

と書き直すことができる．ここで $\partial_s^{-1} \cdot \kappa$ は

$$(\partial_s^{-1} \cdot \kappa)f = \partial_s^{-1}(\kappa f) = g \iff \kappa f = g_s$$

ということだから，函数 f に対し $g_s = \kappa f$ をみたす函数 g を対応させる規則である．∂_s^{-1} は擬微分作用素として取り扱うこともできる．ここで

$$\Omega = \partial_s^2 + \kappa^2 + \kappa_s \partial_s^{-1} \cdot \kappa$$

とおけば (5.10) は

$$\kappa_t = -\Omega \kappa_s$$

と表せる．

等周条件は

$$g_s = \kappa f \iff \partial_s^{-1}(\kappa f) = g,$$

すなわち $(\partial_s^{-1} \cdot \kappa)f = g$ であるから，任意の自然数 n に対し

$$f_n = -\Omega^{n-1} \kappa_s, \qquad g_n = -\partial_s^{-1}(\kappa \Omega^{n-1} \kappa_s)$$

と定めても (f_n, g_n) は等周条件をみたすことが確かめられる．(f_n, g_n) から定まる κ のみたす偏微分方程式は

$$\kappa_t = -\Omega^n \kappa_s$$

である．これを**第 n 次 mKdV 方程式**とよぶ．集合

$$\{\,\text{第 } n \text{ 次 mKdV 方程式} \mid n = 1, 2, 3, \cdots\,\}$$

を **mKdV 階層**とよぶ．

mKdV 方程式の解 $\kappa(s;t)$ を用いて

$$\theta(s;t) = \int_0^s \kappa(s;t)\,\mathrm{d}s + \theta_0(t),$$
$$\boldsymbol{p}(s;t) = \int_0^s (\cos\theta(s;t), \sin\theta(s;t))\,\mathrm{d}s + \boldsymbol{p}_0(t)$$

と定めれば，s を弧長径数，$\kappa(s;t)$ を曲率にもつ曲線の 1 径数族が得られる．曲線 $\boldsymbol{p}(s;t) = (x(s;t), y(s;t))$ の成分は

$$x(s;t) = \int_0^s \cos\theta(s;t)\,\mathrm{d}s + x_0(t)$$
$$y(s;t) = \int_0^s \sin\theta(s;t)\,\mathrm{d}s + y_0(t)$$

と表される．t に関する微分をドット ($\cdot$) で表す．時間発展は
$$\begin{pmatrix} \dot{x}(s;t) \\ \dot{y}(s;t) \end{pmatrix} = -\frac{1}{2}\kappa(s;t)^2 \begin{pmatrix} x'(s;t) \\ y'(s;t) \end{pmatrix} - \kappa'(s;t) \begin{pmatrix} -y'(s;t) \\ x'(s;t) \end{pmatrix}$$
で与えられる．$x_0(t), y_0(t), \theta_0(t)$ を求める．κ が mKdV 方程式の解であることを使って
$$\begin{aligned}
\dot{\theta}(s;t) &= \int_0^s \frac{\partial}{\partial t}\kappa(s;t)\,\mathrm{d}s + \dot{\theta}_0(t) \\
&= -\int_0^s (\kappa_{ss} + \frac{1}{2}\kappa^3)_s\,\mathrm{d}s + \dot{\theta}_0(t) \\
&= -\left[\kappa_{ss} + \frac{1}{2}\kappa^3\right]_0^s + \dot{\theta}_0(t)
\end{aligned}$$
を得る．したがって
$$\dot{\theta}(s;t) + \left(\kappa_{ss}(s;t) + \frac{1}{2}\kappa^3(s;t)\right) = \left(\kappa_{ss}(0;t) + \frac{1}{2}\kappa^3(0;t)\right) + \dot{\theta}_0(t).$$
一方，フレネの公式より
$$\frac{\partial}{\partial t}\boldsymbol{T}(s;t) = (f_s + g\kappa)J\boldsymbol{T}(s;t) = -\left(\kappa_{ss}(s;t) + \frac{1}{2}\kappa^3(s;t)\right)J\boldsymbol{T}(s;t)$$
であるがこの式の x 座標成分を書き下してみると
$$\frac{\partial}{\partial t}\cos\theta(s;t) = \left(\kappa_{ss}(s;t) + \frac{1}{2}\kappa^3(s;t)\right)\sin\theta(s;t)$$
である．左辺の偏微分を実行して
$$-\sin\theta(s;t)\dot{\theta}(s;t) = \left(\kappa_{ss}(s;t) + \frac{1}{2}\kappa^3(s;t)\right)\sin\theta(s;t).$$
すなわち
$$\dot{\theta}(s;t) + \kappa_{ss}(s;t) + \frac{1}{2}\kappa^3(s;t) = 0. \tag{5.11}$$
これより
$$\dot{\theta}_0(t) = -\kappa_{ss}(0;t) - \frac{1}{2}\kappa^3(0;t)$$
を得るので
$$\theta_0(t) = -\int_0^t \kappa_{ss}(0;t) + \frac{1}{2}\kappa^3(0;t)\,\mathrm{d}t + \tilde{\theta}_0$$
を得る．積分定数 $\tilde{\theta}_0$ を改めて θ_0 と書くことにすれば $\theta(s;t)$ の表示式

$$\theta(s;t) = \int_0^s \kappa(s;t)\,\mathrm{d}s - \int_0^t \kappa_{ss}(0;t) + \frac{1}{2}\kappa^3(0;t)\,\mathrm{d}t + \theta_0 \qquad (5.12)$$

を得る. $\theta(0;0) = \theta_0$ に注意.

$$\begin{aligned}\dot{x}(s;t) &= -\frac{1}{2}\kappa^2(s;t)x_s(s;t) + \kappa_s(s;t)y_s(s;t) \\ &= -\frac{1}{2}\kappa^2(s;t)\cos\theta(s;t) + \kappa_s(s;t)\sin\theta(s;t).\end{aligned}$$

一方

$$\dot{x}(s;t) = \frac{\partial}{\partial t}\int_0^s \cos\theta(s;t)\,\mathrm{d}s + \frac{\mathrm{d}x_0}{\mathrm{d}t}(t)$$

であるから

$$-\frac{1}{2}\kappa^2(s;t)\cos\theta(s;t) + \kappa_s(s;t)\sin\theta(s;t) = \frac{\partial}{\partial t}\int_0^s \cos\theta(s;t)\,\mathrm{d}s + \frac{\mathrm{d}x_0}{\mathrm{d}t}(t).$$

この式の両辺で $s = 0$ とすると

$$-\frac{1}{2}\kappa^2(0;t)\cos\theta(0;t) + \kappa_s(0;t)\sin\theta(0;t) = \frac{\mathrm{d}x_0}{\mathrm{d}t}(t).$$

したがって

$$x_0(t) = \int_0^t -\frac{1}{2}\kappa^2(0;t)\cos\theta(0;t) + \kappa_s(0;t)\sin\theta(0;t)\,\mathrm{d}t + \xi_0$$

となる (ξ_0 は積分定数). 同様に

$$y_0(t) = \int_0^t \frac{1}{2}\kappa^2(0;t)\sin\theta(0;t) - \kappa_s(0;t)\cos\theta(0;t)\,\mathrm{d}t + \eta_0$$

となる (η_0 は積分定数).

次章では mKdV 方程式の進行波解を求める. 続く第 7 章では, この章で準備した公式を用いて, mKdV 方程式の進行波解を曲率にもつ平面曲線を求める.

注意 5.2.3 (グラフとしての表示) この章では $\mathbb{R}^2$ 内の曲線を弧長径数表示して時間発展を考察した. 曲線を函数 $y = f(x)$ のグラフとして表示した場合を考察しておく. x 座標を径数に選んだ径数付曲線

$$\boldsymbol{p}(x) = (x, f(x))$$

を考えていることに注意しよう. 弧長径数 $s(x)$ は (1.4) で与えられる. すなわち

$$s(x) = \int \sqrt{1 + f_x^2}\,\mathrm{d}x.$$

5.2 mKdV 方程式

また (2.5) より曲率 $\kappa(x)$ は
$$\kappa(x) = \frac{f_{xx}}{(1+f_x^2)^{\frac{3}{2}}}$$
で与えられる．mKdV 方程式に従う曲線の時間発展
$$\boldsymbol{p}_t(s;t) = -\kappa_s \boldsymbol{N} - \frac{1}{2}\kappa^2 \boldsymbol{T}$$
をグラフ表示で書き換えてみる．まず曲線の時間発展 $\boldsymbol{p}(s;t)$ を
$$\boldsymbol{p}(x;t) = (x, f(x,t))$$
と書き直す．このとき
$$\boldsymbol{T}(x;t) = \frac{1}{\sqrt{1+f_x^2}}(1, f_x), \qquad \boldsymbol{N}(x;t) = \frac{1}{\sqrt{1+f_x^2}}(-f_x, 1)$$
である．$\boldsymbol{p}_t = (0, f_t)$ より
$$-\kappa_s = (\boldsymbol{p}_t | \boldsymbol{N}) = \frac{f_t}{\sqrt{1+f_x^2}}.$$
したがって
$$\kappa_s = -\frac{f_t}{\sqrt{1+f_x^2}},$$
ここで
$$\frac{\mathrm{d}s}{\mathrm{d}x} = \sqrt{1+f_x^2}$$
を使うと
$$f_t = -\kappa_s \sqrt{1+f_x^2} = -\kappa_x$$
を得る．以上より
$$f_t = -\left\{\frac{f_{xx}}{(1+f_x^2)^{\frac{3}{2}}}\right\}_x$$
が得られた．この式の両辺を x で偏微分し $q = f_x$ と書き換えると
$$q_t + \left(\frac{q_x}{(1+q^2)^{\frac{3}{2}}}\right)_{xx} = 0 \tag{5.13}$$
が得られる (紺野・市川・和達[66], 石森[58])．この方程式は第 9 章の最後に登場する．

第6章

楕円函数解

mKdV 方程式 $\kappa_t + \kappa_{sss} + \frac{3}{2}\kappa^2 \kappa_s = 0$ の解 $\kappa(s,t)$ が $s-\lambda t$ (λ は定数) のみに依存しているとき, その解 $\kappa = \kappa(s-\lambda t)$ を進行波解とよぶ. この章では楕円函数を用いて進行波解を具体的に求める.

6.1 進行波解

mKdV 方程式の独立変数 (s,t) を

$$(u,v) = (s-t, s+t)$$

にとりかえて計算を実行する. この座標系 (u,v) は**特性座標系**とよばれる. 計算を始める前に

$$\frac{\partial}{\partial s} = \frac{\partial}{\partial u} + \frac{\partial}{\partial v}, \qquad \frac{\partial}{\partial t} = -\frac{\partial}{\partial u} + \frac{\partial}{\partial v}$$

という変換式が成立していることを注意しておく.

$\kappa(u,v)$ が u のみに依存するという条件で mKdV 方程式の解を求めてみる.

$$\begin{aligned}
0 &= \kappa_t + \kappa_{sss} + \frac{3}{2}\kappa^2 \kappa_s \\
&= (-\kappa_u + \kappa_v) + (\kappa_{uuu} + 3\kappa_{uuv} + 3\kappa_{vvu} + \kappa_{vvv}) + \frac{3}{2}\kappa^2(\kappa_u + \kappa_v) \\
&= -\kappa_u + \kappa_{uuu} + \frac{3}{2}\kappa^2 \kappa_u \\
&= \left(-\kappa + \kappa_{uu} + \frac{1}{2}\kappa^3\right)_u
\end{aligned}$$

より

$$-\kappa + \kappa_{uu} + \frac{1}{2}\kappa^3 = c_0 \text{ (定数)} \tag{6.1}$$

6.1 進行波解

である．この式の両辺に κ_u を掛けると

$$-\kappa\kappa_u + \kappa_{uu}\kappa_u + \frac{1}{2}\kappa^3\kappa_u = c_0\kappa_u$$

であるから

$$\left(-\frac{1}{2}\kappa^2\right)_u + \left(\frac{1}{2}\kappa_u^2\right)_u + \left(\frac{1}{8}\kappa^4\right)_u = (c_0\kappa)_u.$$

これを書き直して

$$\left(-\kappa^2 + \kappa_u^2 + \frac{1}{4}\kappa^4 - 2c_0\kappa\right)_u = 0.$$

したがって

$$-\kappa^2 + \kappa_u^2 + \frac{1}{4}\kappa^4 - 2c_0\kappa = c_1 (\text{定数}) \tag{6.2}$$

を得る．$\kappa(s,t)$ が mKdV 方程式の解であれば $-\kappa(s,t)$ も解であることに注意すれば，(6.2) より

$$u = \int \frac{2\mathrm{d}\kappa}{\sqrt{-\kappa^4 + 4\kappa^2 + 8c_0\kappa + 4c_1}}$$

を考察すればよい．この右辺は楕円積分である．

注意 6.1.1 (楕円積分) $p(x)$ を x の 3 次式または 4 次式とする．x と $\sqrt{p(x)}$ の既約な有理式 $\mathcal{R}(x, \sqrt{p(x)})$ の不定積分 $\int \mathcal{R}(x, \sqrt{p(x)})\,\mathrm{d}x$ を**楕円積分**とよぶ．

$\kappa^4 - 4\kappa^2 - 8c_0\kappa - 4c_1$ の零点を $\alpha_1, \alpha_2, \alpha_3, \alpha_4$ とする．すなわち

$$\kappa^4 - 4\kappa^2 - 8c_0\kappa - 4c_1 = (\kappa - \alpha_1)(\kappa - \alpha_2)(\kappa - \alpha_3)(\kappa - \alpha_4).$$

解と係数の関係から

$$0 = \alpha_1 + \alpha_2 + \alpha_3 + \alpha_4, \tag{6.3}$$

$$-4 = \alpha_1\alpha_2 + \alpha_1\alpha_3 + \alpha_1\alpha_4 + \alpha_2\alpha_3 + \alpha_2\alpha_4 + \alpha_3\alpha_4, \tag{6.4}$$

$$8c_0 = \alpha_1\alpha_2\alpha_3 + \alpha_1\alpha_2\alpha_4 + \alpha_1\alpha_3\alpha_4 + \alpha_2\alpha_3\alpha_4, \tag{6.5}$$

$$-4c_1 = \alpha_1\alpha_2\alpha_3\alpha_4 \tag{6.6}$$

を得る．

6.2 ソリトン解

まず，急減少という条件を課して進行波解を求めてみる．

$f(x)$ を $\mathbb{R}$ 全体で定義されたなめらかな函数とする．$f(x)$ が条件
$$\lim_{|x|\to\infty} x^n f^{(m)}(x) = 0, \quad f^{(m)}(x) = \frac{\mathrm{d}^m f}{\mathrm{d}x^m}(x)$$
をすべての非負整数 m, n に対しみたすとき，$f(x)$ は**急減少**であるという．$\kappa(u)$ が急減少であると仮定する．(6.1) で $|u| \to \infty$ とすれば $c_0 = 0$ が得られる．さらに (6.2) で $|u| \to \infty$ とすれば $c_1 = 0$ が得られる．したがって κ は $-4\kappa^2 + 4\kappa_u^2 + \kappa^4 = 0$ をみたすから
$$u = \int \frac{2\mathrm{d}\kappa}{\sqrt{-\kappa^4 + 4\kappa^2}} = \int \frac{2\mathrm{d}\kappa}{\kappa\sqrt{-\kappa^2 + 4}}.$$
ここで $z = \sqrt{-\kappa^2 + 4}$ とおくと
$$\frac{\mathrm{d}\kappa}{\mathrm{d}z} = \pm\frac{z}{\sqrt{4-z^2}}$$
より
$$u = \pm 2 \int \frac{\mathrm{d}z}{4 - z^2} = \pm \tanh^{-1} \frac{z}{2} + u_0 \quad (u_0\text{は積分定数})$$
と計算できる．$u_0 = 0$ と選んでおくと
$$z = 2\tanh(\pm u) = \pm 2\tanh u$$
を得る．したがって
$$\kappa(u) = \pm 2\,\mathrm{sech}\,u$$
が得られた．

$$\kappa(s;t) = 2\,\mathrm{sech}\,(s-t) \tag{6.7}$$

は mKdV 方程式の解であり，**ソリトン解(孤立波解)** とよばれている (図 6.1)．

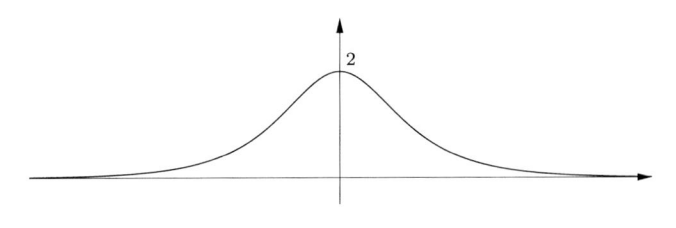

図 6.1 ソリトン解

6.3 cn 波解と dn 波解

次に（簡単のため）$c_0 = 0$ かつ $c_1 \neq 0$ の場合を考えることにする．(6.5) は

$$(\alpha_1 + \alpha_4)\alpha_2\alpha_3 + (\alpha_2 + \alpha_3)\alpha_1\alpha_4 = 0$$

と書き直せることに着目しよう．そこで

$$\alpha_1 + \alpha_4 = 0, \qquad \alpha_2 + \alpha_3 = 0$$

という条件を課してみる．もちろん $c_0 = 0$ である．このとき (6.3) はみたされており

$$(6.4) \iff \alpha_1^2 + \alpha_2^2 = 4$$
$$(6.6) \iff \alpha_1^2 \alpha_2^2 = -4c_1$$

となる．さらに

$$u = \int \frac{2\mathrm{d}\kappa}{\sqrt{-(\kappa^2 - \alpha_1^2)(\kappa^2 - \alpha_2^2)}}$$

となる．

$c_1 > 0$ のとき

$$\alpha_1^2 = 2(1 + \sqrt{c_1 + 1}) > 2, \qquad \alpha_2^2 = 2(1 - \sqrt{c_1 + 1}) < 0.$$

そこで $\alpha_1 = b > 0$, $\alpha_2 = ia$, $(a > 0$, i は虚数単位) と選べば

$$4c_1 = a^2 b^2 > 0, \qquad b^2 - a^2 = 4.$$

(4.13) より

$$u = \int_\kappa^b \frac{2\mathrm{d}\kappa}{\sqrt{(a^2+\kappa^2)(b^2-\kappa^2)}} = \frac{2}{\sqrt{a^2+b^2}} \operatorname{cn}\left(\frac{\kappa}{b}; \frac{b}{\sqrt{a^2+b^2}}\right)$$

であるから

$$\kappa(u) = b\operatorname{cn}\left(\frac{\sqrt{a^2+b^2}\,u}{2}; \frac{b}{\sqrt{a^2+b^2}}\right) \tag{6.8}$$

$$= \sqrt{2}\left(1+\sqrt{1+c}\right)^{\frac{1}{2}} \operatorname{cn}\left((1+c_1)^{\frac{1}{4}} u; \frac{1}{\sqrt{2}}\left(\frac{1+\sqrt{1+c_1}}{\sqrt{1+c_1}}\right)^{\frac{1}{2}}\right)$$

を得る．この解を **cn 波解**(cnoidal wave) とよぶ (図 6.2)．また母数

$$k = \frac{b}{\sqrt{a^2+b^2}} = \frac{1}{\sqrt{2}}\left(\frac{1+\sqrt{1+c_1}}{\sqrt{1+c_1}}\right)^{\frac{1}{2}} \tag{6.9}$$

を用いて

$$\kappa(u) = \frac{2k}{\sqrt{2k^2-1}} \operatorname{cn}\left(\frac{u}{\sqrt{2k^2-1}}; k\right)$$

と書き直すこともできる ($1/\sqrt{2} < k < 1$ に注意).

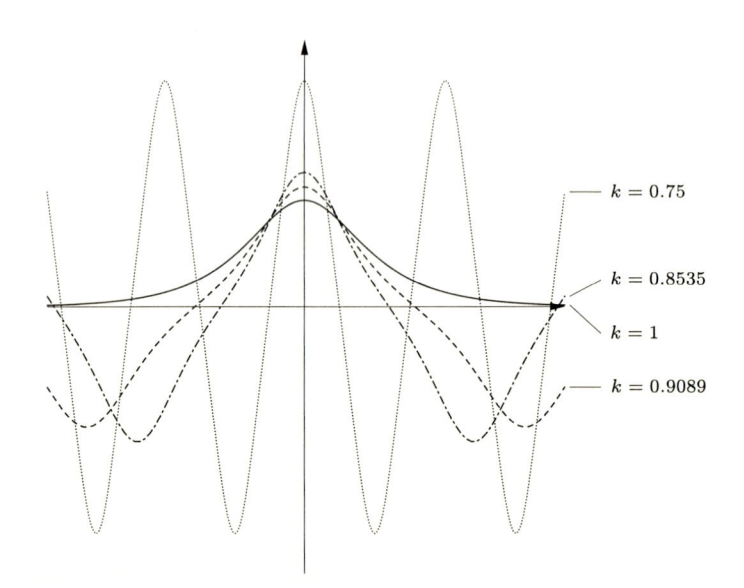

図 6.2 cn 波解

(6.9) より $c_1 \to 0 \Leftrightarrow k \to 1$ である．したがって cn 波解 (6.8) において $c_1 \to 0$ とした極限は
$$\lim_{c_1 \to 0} \kappa(u) = 2\,\mathrm{sech}\,u.$$
すなわち，ソリトン解である．

$c_1 < 0$ のとき
$$\alpha_1^2 \alpha_2^2 = -4c_1 > 0, \qquad \alpha_1^2 + \alpha_2^2 = 4$$
より $-1 < c_1 < 0$ であれば
$$\alpha_1^2 = 2(1 + \sqrt{c_1 + 1}), \qquad \alpha_2^2 = 2(1 - \sqrt{c_1 + 1})$$
と表せる．そこで $\alpha_1 = a > 0$, $\alpha_2 = b > 0$ とおく．$0 < b \leq a$ であるから (4.14) より
$$u = \int_\kappa^a \frac{2\,\mathrm{d}\kappa}{\sqrt{-\kappa^4 + 4\kappa^2 + 4c_1}} = \int_\kappa^a \frac{\mathrm{d}\kappa}{\sqrt{(a^2 - \kappa^2)(\kappa^2 - b^2)}}$$
$$= \frac{2}{a}\mathrm{dn}^{-1}\left(\frac{\kappa}{a}; \frac{\sqrt{a^2 - b^2}}{a}\right).$$
したがって
$$\kappa(u) = a\,\mathrm{dn}\left(\frac{au}{2}; \frac{\sqrt{a^2 - b^2}}{a}\right) \tag{6.10}$$
$$= \sqrt{2}\left(1 + \sqrt{1 + c_1}\right)^{\frac{1}{2}} \mathrm{dn}\left(\frac{1}{\sqrt{2}}\left(1 + \sqrt{1 + c_1}\right)^{\frac{1}{2}} u; \sqrt{2}\left(\frac{\sqrt{1 + c_1}}{1 + \sqrt{1 + c_1}}\right)^{\frac{1}{2}}\right)$$
を得る．(6.10) は母数
$$k = \sqrt{2}\left(\frac{\sqrt{1 + c_1}}{1 + \sqrt{1 + c_1}}\right)^{\frac{1}{2}} \tag{6.11}$$
を用いて
$$\kappa(u) = \frac{2}{\sqrt{2 - k^2}}\mathrm{dn}\left(\frac{u}{\sqrt{2 - k^2}}; k\right), \qquad 0 < k < 1$$
と書き直せる．

ここで求めた解 (6.10) を mKdV 方程式の **dn 波解**とよぶ (図 6.3)．

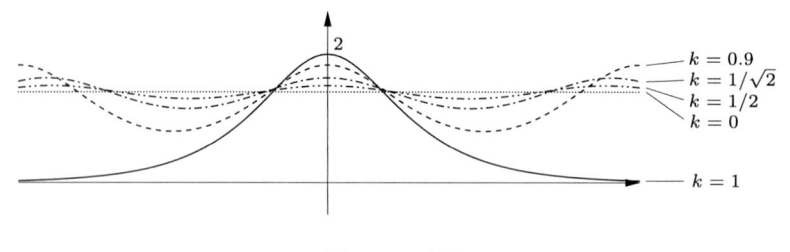

図 6.3 dn 波解

(6.11) より

$$c_1 \to -1 \iff k \to 0, \quad c_1 \to 0 \iff k \to 1$$

である. したがって dn 波解 (6.10) において $c_1 \to -1$ とした極限は

$$\lim_{c_1 \to -1} \kappa(u) = \sqrt{2}$$

である. また $c_1 \to 0$ とした極限は

$$\lim_{c_1 \to 0} \kappa(u) = 2\mathrm{sech}\, u$$

であるから, ソリトン解である.

問 6.3.1 Mathematica, Maple, Maxima などのソフトウエアを用いて (6.8), (6.10) のグラフを, a, b の値をいろいろ変えて描け[*1].

6.4 代数的ソリトン

6.1, 6.2 節では $c_0 = 0$ の場合を考察した. $c_0 \neq 0$ の場合に奇妙な解が得られることを説明しておこう. 4 次式 $\kappa^4 - 4\kappa^2 - 8c_0\kappa - 4c_1$ が実の零点

$$\alpha_1 = \alpha_2 = \alpha_3 = c, \quad \alpha_4 = -3c, \, c \neq 0$$

をもつとしよう. このとき, 解と係数の関係から

$$c^2 = \frac{2}{3}, \quad c_0 = -c^3, \quad c_1 = \frac{3}{4}c^4$$

[*1] フリーソフトウエア, Maxima を用いて dn 波解と cn 波解のグラフを描くことができる. Maxima については[65], [141] を参照.

を得るので
$$c = \pm\sqrt{\frac{2}{3}}, \qquad c_0 = \mp\frac{2\sqrt{2}}{3\sqrt{3}}, \qquad c_1 = \frac{1}{3}$$
である. u は初等函数を用いて表すことができる. 実際
$$\frac{\mathrm{d}}{\mathrm{d}\kappa}\sqrt{\frac{3c+\kappa}{c-\kappa}} = \frac{2c}{\sqrt{(c-\kappa)^3(3c+\kappa)}}$$
であることを利用すれば
$$u = \int \frac{2\mathrm{d}\kappa}{\sqrt{(c-\kappa)^3(3c+\kappa)}} = \frac{1}{c}\sqrt{\frac{3c+\kappa}{c-\kappa}} + u_0.$$
簡単のため, 積分定数を $u_0 = 0$ と選び, 上の式を κ について解けば
$$\kappa(s,t) = c - \frac{4c}{c^2(s-t)^2+1}, \qquad c = \pm\sqrt{\frac{2}{3}} \tag{6.12}$$
を得る. この解はザブスキー (N. J. Zabusky) によって見つけられ, **代数的ソリトン解**(あるいは**有理ソリトン**) とよばれている.

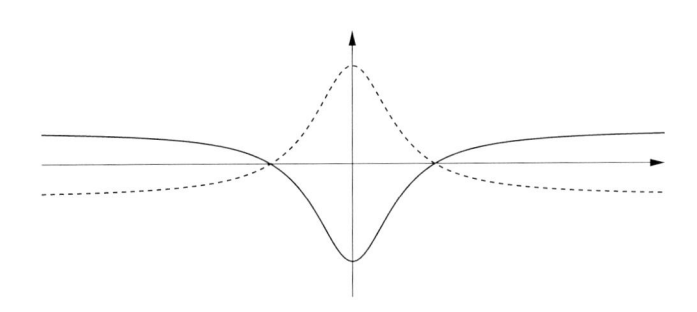

図 6.4 代数的ソリトン解

代数的ソリトン解は $|s| \to \infty$ のとき $\kappa \to c$ となる解であることに注意しよう. より一般に, 定数 κ_0 に対し「$|s| \to \infty$ のとき $\kappa \to \kappa_0$」をみたす代数的ソリトン解が
$$\kappa(s,t) = \kappa_0 - \frac{4\kappa_0}{(\kappa_0 s - (3/2)^2\kappa_0^3 t)^2+1}$$
で与えられる.

第7章

進行波解の定める曲線

mKdV 方程式 (5.10) の進行波解を第 6 章で求めた．この章では進行波解を曲率にもつ曲線を構成する．

7.1 dn 波 解

dn 波解 (6.10) を曲率にもつ曲線を求めよう．まず角函数
$$\theta(u) = \int_0^u \kappa(u)\,du$$
を求める．そのためにいくつかの積分公式を用意しておく（安藤[6] 参照）．

命題 7.1.1

$$\int \mathrm{sn}\, u\,du = -\frac{1}{k}\sinh^{-1}\left(\frac{k}{\tilde k}\mathrm{cn}\, u\right), \tag{7.1}$$

$$\int \mathrm{cn}\, u\,du = \frac{1}{k}\cos^{-1}(\mathrm{dn}\, u) = \frac{1}{k}\sin^{-1}(k\,\mathrm{sn}\, u), \tag{7.2}$$

$$\int \mathrm{dn}\, u\,du = \sin^{-1}\mathrm{sn}\, u = \cos^{-1}\mathrm{cn}\, u. \tag{7.3}$$

角函数を計算しよう．$au/2 = w$ とおくと
$$\theta(u) = \int \kappa(u)\,du = a\int \mathrm{dn}(au/2)\,du$$
$$= 2\int \mathrm{dn}\, w\,dw = 2\cos^{-1}\mathrm{cn}\, w.$$

公式 $\cos(2\cos^{-1} x) = -1 + 2\cos^2 x$ を使うと
$$\cos\theta(u) = \cos(2\cos^{-1}(\mathrm{cn}(au/2)))$$
$$= -1 + 2\mathrm{cn}^2(au/2) = 1 - 2\mathrm{sn}^2(au/2)$$

を得る．次に $\theta(u) = 2\sin^{-1}(\text{sn}\,(au/2))$ より
$$\sin\theta(u) = \sin(2\sin^{-1}\text{sn}(au/2)).$$
公式 $\sin(2\sin^{-1}x) = 2x\sqrt{1-x^2}$ を使うと
$$\sin\theta(u) = 2\text{sn}\,(au/2)\text{cn}(au/2).$$
これで単位接ベクトル場 $\boldsymbol{T}(s;t)$ が
$$\boldsymbol{T}(s;t) = (1 - 2\text{sn}^2(au/2), 2\text{sn}\,(au/2)\text{cn}(au/2)\,)$$
と求められた．
$$\int \cos\theta(u)\,\mathrm{d}u = u - 2\int \text{sn}^2(au/2)\,\mathrm{d}u.$$
ここで次の公式を使う ([6, p. 38]).
$$\int_0^u \text{sn}^2 u\,\mathrm{d}u = \frac{1}{k^2}\int_0^u 1 - \text{dn}^2 u\,\mathrm{d}u = \frac{1}{k^2}(u - E(u)), \tag{7.4}$$
ただし
$$E(u) := \int_0^u \text{dn}^2 u\,\mathrm{d}u$$
とおいた．$E(u)$ をヤコビの**イプシロン函数**とよぶ (E はイプシロンの大文字).
イプシロン函数についてもう少し準備をしよう．

楕円積分
$$u = \text{sn}^{-1}(x;k) = \int_0^x \frac{\mathrm{d}x}{\sqrt{(1-x^2)(1-k^2x^2)}}, \qquad |x| \leq 1$$
において $x = \sin\varphi$ とおくと
$$u = \int_0^\varphi \frac{\mathrm{d}\varphi}{\sqrt{1-k^2\sin^2\varphi}}$$
と書きかえられる．ここで $\varphi = \text{am}\,u$ で函数 am を定め，**振幅函数**(amplitude function) とよぶ．振幅函数を用いると
$$\text{sn}\,u = \sin(\text{am}\,u), \qquad \text{cn}\,u = \cos(\text{am}\,u)$$
と表せる．イプシロン函数の定義式

$$E(u) = \int_0^u \mathrm{dn}^2 u\, du$$

において $\varphi = \mathrm{am}\, u$ とおくと

$$\mathrm{dn}\, u = \sqrt{1 - k^2 \sin^2 \varphi}, \qquad du = \frac{d\varphi}{\sqrt{1 - k^2 \sin^2 \varphi}}$$

であるから

$$E(u) = \int_0^\varphi \sqrt{1 - k^2 \sin^2 \varphi}\, d\varphi = E(k, \varphi)$$

であることがわかった.

曲線を求める計算に戻ろう. $\xi = au/2$, $k = \sqrt{a^2 - b^2}/a$ とおくと

$$\begin{aligned}
\int_0^u \cos\theta(u)\, du &= u - 2\int_0^u \mathrm{sn}^2(au/2)\, du \\
&= u - \frac{4}{a}\int \mathrm{sn}^2 \xi\, d\xi = u - \frac{4}{a}\frac{1}{k^2}(\xi - E(\xi)) \\
&= u - \frac{4a}{\sqrt{a^2 - b^2}}\left(\frac{au}{2} - E\left(\frac{au}{2}\right)\right).
\end{aligned}$$

同様に

$$\begin{aligned}
\int_0^u \sin\theta(u)\, du &= 2\int_0^u \mathrm{sn}(au/2)\mathrm{cn}(au/2)\, du, \\
&= \frac{4}{a}\int_0^\xi \mathrm{sn}\,\xi \mathrm{cn}\,\xi\, d\xi = \frac{4}{a}\int_0^\xi \frac{d}{d\xi}\left(-\frac{1}{k^2}\mathrm{dn}\,\xi\right) \\
&= -\frac{4}{ak^2}\Big[\mathrm{dn}\,\xi\Big]_0^\xi = -\frac{4}{ak^2}(\mathrm{dn}\,\xi - 1) \\
&= -\frac{4a}{\sqrt{a^2 - b^2}}\left(\mathrm{dn}\left(\frac{au}{2}\right) - 1\right).
\end{aligned}$$

以上より

$$\boldsymbol{p}(u) = \left(u - \frac{4a}{\sqrt{a^2 - b^2}}\left(\frac{au}{2} - E\left(\frac{au}{2}\right)\right),\ -\frac{4a}{\sqrt{a^2 - b^2}}\left(\mathrm{dn}\left(\frac{au}{2}\right) - 1\right)\right)$$

を得る. $\boldsymbol{p}(0) = \boldsymbol{0}$ に注意. この曲線が閉じるための条件をもとめてみよう. ある実数 L に対し $\boldsymbol{p}(0) = \boldsymbol{p}(L)$ であるための必要十分条件は

$$\left(\frac{2}{k^2} - 1\right) L = \frac{4}{ak^2} E\left(\frac{aL}{2}\right),$$
$$\mathrm{dn}\left(\frac{aL}{2}\right) = 1.$$

下の式から $aL = 4K(k)$ を得る．これを上の式に代入すると

$$(2 - k^2) K(k) = 2E(k).$$

この条件をみたす $k \in [0,1]$ が存在するかどうかを調べればよいのだが，この式をみたす k は $k = 0$ のみである (中山・和達[89])．$k = 0$ のとき $\boldsymbol{p}(u)$ は円である (図 7.1).

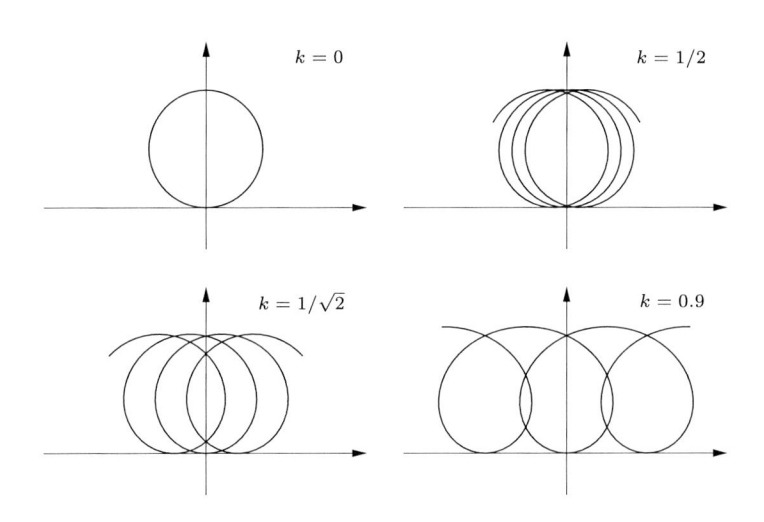

図 7.1　dn 波解の定める曲線

7.2　cn 波 解

cn 波解 (6.8) を曲率にもつ曲線を求める．

$$\theta(u) = \int \kappa(u)\,\mathrm{d}u = b \int \mathrm{cn}\left(\frac{\sqrt{a^2 + b^2}}{2} u; k\right) \mathrm{d}u$$

において $\xi = \sqrt{a^2 + b^2}\, u / 2$ とおくと

$$\theta = \frac{2b}{\sqrt{a^2+b^2}} \int \mathrm{cn}(\xi; k)\,\mathrm{d}\xi$$
$$= \frac{2b}{\sqrt{a^2+b^2}} \frac{1}{k} \cos^{-1}(\mathrm{dn}\,\xi).$$

したがって

$$\cos\theta = \cos(2\cos^{-1}(\mathrm{dn}\,\xi)) = -1 + 2\mathrm{dn}^2(\xi; k).$$

一方

$$\theta = \frac{2b}{\sqrt{a^2+b^2}} \int \mathrm{cn}(\xi; k)\,\mathrm{d}\xi$$
$$= \frac{2b}{\sqrt{a^2+b^2}} \frac{1}{k} \sin^{-1}(k\,\mathrm{sn}\,\xi) = 2\sin^{-1}(k\,\mathrm{sn}\,\xi)$$

であるから $\sin(\theta/2) = k\,\mathrm{sn}\,\xi$. ここで

$$2\mathrm{dn}^2(\xi; k) = 1 + \cos\theta = \cos^2(\theta/2)$$

より $\cos(\theta/2) = \mathrm{dn}\,(\xi; k)$. 以上より

$$\sin\theta = 2\sin\frac{\theta}{2}\cos\frac{\theta}{2} = 2k\,\mathrm{sn}(\xi;k)\,\mathrm{dn}(\xi;k).$$

単位接ベクトル場は

$$\boldsymbol{T}(u) = \begin{pmatrix} -1 + 2\mathrm{dn}^2\left(\frac{\sqrt{a^2+b^2}}{2}u; k\right) \\ 2k\,\mathrm{sn}\left(\frac{\sqrt{a^2+b^2}}{2}u; k\right)\mathrm{dn}\left(\frac{\sqrt{a^2+b^2}}{2}u; k\right) \end{pmatrix}$$

で与えられる. $\boldsymbol{p}(u)$ を求めよう.

$$\int \cos\theta(u)\,\mathrm{d}u = -u + 2\int \mathrm{dn}^2(\xi; k)\,\mathrm{d}u$$
$$= -u + 2\int \mathrm{dn}^2(\xi; k)\frac{2}{\sqrt{a^2+b^2}}\,\mathrm{d}\xi$$
$$= -u + \frac{4}{\sqrt{a^2+b^2}}\int \mathrm{dn}^2(\xi; k)\,\mathrm{d}\xi$$
$$= -u + \frac{4}{\sqrt{a^2+b^2}} E\left(\frac{\sqrt{a^2+b^2}}{2}u; k\right).$$

$$\int_0^u \sin\theta(u)\,\mathrm{d}u = 2k\int_0^u \mathrm{sn}\left(\frac{\sqrt{a^2+b^2}}{2}u;k\right)\mathrm{dn}\left(\frac{\sqrt{a^2+b^2}}{2}u;k\right)\mathrm{d}u$$

$$= 2k \times \frac{2}{\sqrt{a^2+b^2}}\int_0^\xi \mathrm{sn}\,\xi\,\mathrm{dn}\,\xi\,\mathrm{d}\xi$$

$$= -\frac{4k}{\sqrt{a^2+b^2}}\Big[\mathrm{cn}\,(\xi;k)\Big]_0^\xi$$

$$= -\frac{4k}{\sqrt{a^2+b^2}}\left\{\mathrm{cn}\left(\frac{\sqrt{a^2+b^2}}{2}u\right)-1\right\}.$$

以上より

$$\boldsymbol{p}(u) = \begin{pmatrix} -u + \frac{4}{\sqrt{a^2+b^2}}E\left(\frac{\sqrt{a^2+b^2}}{2}u;k\right) \\ -\frac{4k}{\sqrt{a^2+b^2}}\left\{\mathrm{cn}\left(\frac{\sqrt{a^2+b^2}}{2}u\right)-1\right\} \end{pmatrix}.$$

$\boldsymbol{p}(0)=\boldsymbol{0}$ に注意 (図 7.2).

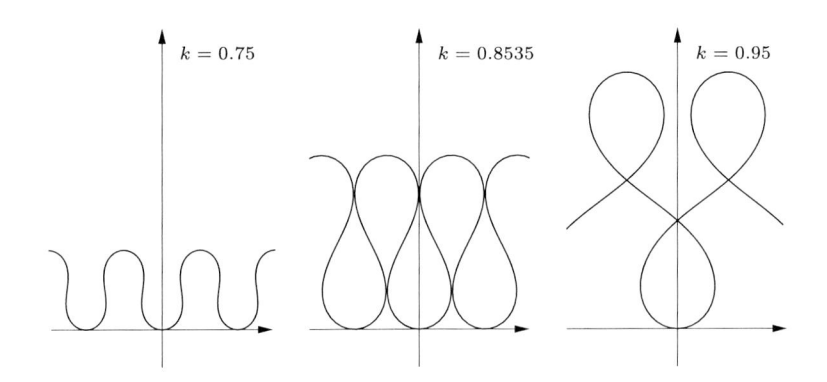

図 7.2 cn 波解の定める曲線

dn 波解のときと同様に曲線が閉じるための条件 $\boldsymbol{p}(0)=\boldsymbol{p}(L)$ を書き下してみると

$$-L + \frac{4}{\sqrt{a^2+b^2}}E\left(\frac{\sqrt{a^2+b^2}}{2}L\right) = 0,$$

$$\mathrm{cn}\left(\frac{\sqrt{a^2+b^2}L}{2}\right) = 1.$$

下の式から $\sqrt{a^2+b^2}L = 8K(k)$ を得る．これを上の式に代入すると

$$K(k) = 2E(k).$$

この条件をみたす k は $k = 0.9089\cdots$ のみである (図 7.3). このときの曲線はオイラーの **8 の字曲線**とよばれるものである (中山・和達[89]). この曲線は弾性曲線の例としても知られている (注意 7.2.2 参照).

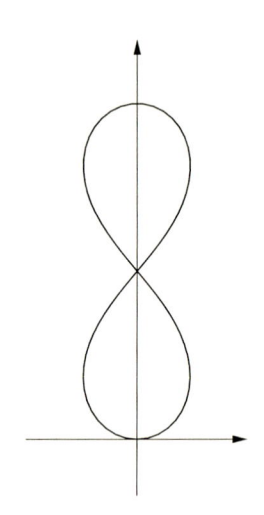

図 7.3 オイラーの 8 の字曲線

cn 波解の定める曲線 $p(u)$ において $a \to 0$, $b \to 2$ とすると $k \to 1$ であり

$$\lim_{k \to 1} p(u) = \begin{pmatrix} -u + 2\tanh u \\ -2(\operatorname{sech} u - 1) \end{pmatrix}$$

を得る. これはソリトン解の定める曲線である (図 7.4).

注意 7.2.1 (専門的な注意) $\mathcal{M}_L = \{ p : S^1 \to \mathbb{R}^2 \}$ で長さが L のなめらかな閉曲線全体を表す. $\mathcal{M}$ を無限次元多様体とみなして, 適当なシンプレクティック構造を与えると mKdV 方程式は

$$H(p) = \int_{S^1} \frac{1}{2} \kappa(s)^2 \, ds$$

をハミルトン函数とするハミルトン系と思うことができる. mKdV 階層は

7.2 cn 波解

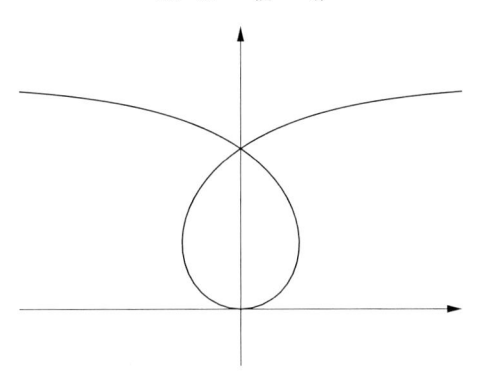

図 7.4 ソリトン解の定める曲線

$$H_1 = \int_{S^1} \frac{1}{2}\kappa(s)^2 \, ds,$$

$$H_2 = \int_{S^1} -\frac{1}{2}\kappa_s(s)^2 + \frac{1}{8}\kappa(s)^4 \, ds,$$

$$H_3 = \int_{S^1} \frac{1}{2}\kappa_{ss}(s)^2 - \frac{5}{4}\kappa(s)^2\kappa_s(s)^2 + \frac{1}{16}\kappa(s)^6 \, ds,$$

$$\vdots \quad \vdots$$

をハミルトン函数にもつハミルトン系とみなすことができる．それぞれのハミルトン函数に対するハミルトン・ベクトル場を X_j ($j = 1, 2, \cdots$) とすれば

$$[X_i, X_j] = 0,$$

すなわち，mKdV 階層は互いに可換な無限個の相流 (commuting flow) を定めている．

注意 7.2.2 (弾性曲線) $a, b, u, v \in \mathbb{R}^2$, $(u, v \neq 0)$ に対し，条件

$$p(a) = a, \; p(b) = b, \; p'(a) = u, \; p'(b) = v$$

をみたす弧長径数表示された長さ L の曲線 $p : [a, b] \to \mathbb{R}^2$ の全体を $\mathcal{M}_L(a, b, u, v)$ で表す．$\mathcal{M}_L(a, b, u, v)$ 上の汎函数 E を

$$E(p) = \int_a^b \frac{1}{2}\kappa(s)^2 \, ds$$

で定める．この汎函数を**弾性エネルギー**とよぶ．弾性エネルギーの停留点となる曲線を**弾性曲線**とよぶ．弾性曲線の方程式は

$$2\kappa_{ss} + \kappa^3 - \lambda\kappa = 0$$

で与えられる (Langer-Singer[72] 参照). ただし λ は定数である. 弾性曲線の方程式で s を u に変え, $\lambda = 2$ と選ぶと 6 章の (6.1) で $c_0 = 0$ と選んだものに一致する. したがってこの章で求めた曲線はすべて弾性曲線である.

問 7.2.3 (研究課題) 代数的ソリトン解 (6.12) を曲率にもつ曲線 (図 7.5) を求めよ.

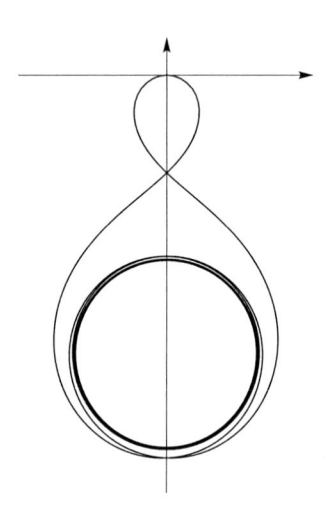

図 7.5 代数的ソリトン解の定める曲線

第8章

ベックルンド変換

等周条件をみたす曲線の時間発展を考察することから，mKdV 方程式とよばれる非線型波動方程式が導かれた．この章では曲率函数 $\kappa(s;t)$ が mKdV 方程式をみたすとき，角函数のみたす微分方程式を調べる．

8.1 ポテンシャル mKdV 方程式

$\kappa(s;t)$ を mKdV 方程式 $\kappa_t + \frac{3}{2}\kappa^2\kappa_s + \kappa_{sss} = 0$ の解としよう．このとき (5.12) で定めたように

$$\theta(s;t) = \int_0^s \kappa(s;t)\,\mathrm{d}s - \int_0^t \kappa_{ss}(0;t) + \frac{1}{2}\kappa^3(0;t)\,\mathrm{d}t + \theta_0$$

で函数 $\theta(s;t)$ を定義しよう．この函数 $\theta(s;t)$ は条件

$$\frac{\partial}{\partial s}\theta(s;t) = \kappa(s;t), \qquad \theta(0;0) = \theta_0$$

をみたしている．$\kappa(s;t)$ が mKdV 方程式の解であることより，θ は

$$\frac{\partial\theta}{\partial t}(s;t) + \frac{1}{2}\theta_s^3(s;t) + \theta_{sss}(s;t) = 0 \tag{8.1}$$

をみたしていることが確かめられる (第 5 章，(5.11) を参照)．この方程式を**ポテンシャル mKdV 方程式**とよぶ．

8.2 ベックルンド変換

ポテンシャル mKdV 方程式は mKdV 方程式を書き換えたものに過ぎないように思える．しかしポテンシャル mKdV 方程式を導入することで非常に興味深い事実が得られることを説明しよう．

s, t に依存する 2 変数函数 $\theta(s;t)$ と $\tilde{\theta}(s;t)$ に対する連立偏微分方程式

$$\frac{\partial}{\partial s}\left(\frac{\tilde{\theta}+\theta}{2}\right) = 2\lambda \sin\frac{\tilde{\theta}-\theta}{2}, \tag{8.2}$$

$$\frac{\partial}{\partial t}\left(\frac{\tilde{\theta}+\theta}{2}\right) = -\lambda(\theta_s^2 + 8\lambda^2)\sin\frac{\tilde{\theta}-\theta}{2} + 2\lambda\theta_{ss}\cos\frac{\tilde{\theta}-\theta}{2} + 4\lambda^2\theta_s$$

を考える.この連立偏微分方程式の両立条件 (積分可能条件) "$(\tilde{\theta}_s)_t = (\tilde{\theta}_t)_s$" をもとめてみよう.

$$\frac{\partial}{\partial t}\frac{\partial}{\partial s}\left(\frac{\tilde{\theta}+\theta}{2}\right)$$
$$= \frac{\partial}{\partial t}\left(2\lambda\sin\frac{\tilde{\theta}-\theta}{2}\right) = 2\lambda\cos\frac{\tilde{\theta}-\theta}{2}\frac{\partial}{\partial t}\left\{\frac{\tilde{\theta}+\theta}{2}-\theta\right\}$$
$$= 2\lambda\cos\frac{\tilde{\theta}-\theta}{2}\left\{-\lambda(\theta_s^2+8\lambda^2)\sin\frac{\tilde{\theta}-\theta}{2} + 2\lambda\theta_{ss}\cos\frac{\tilde{\theta}-\theta}{2} + 4\lambda^2\theta_s - \theta_t\right\}.$$

次に

$$\frac{\partial}{\partial s}\frac{\partial}{\partial t}\left(\frac{\tilde{\theta}+\theta}{2}\right)$$
$$= -2\lambda\left[\theta_s\theta_{ss}\sin\frac{\tilde{\theta}-\theta}{2} - \theta_{sss}\cos\frac{\tilde{\theta}-\theta}{2} - 2\lambda\theta_{ss}\right]$$
$$\quad -\lambda\left[(\theta_s^2+8\lambda^2)\cos\frac{\tilde{\theta}-\theta}{2} + 2\theta_{ss}\sin\frac{\tilde{\theta}-\theta}{2}\right]\left\{\left(\frac{\tilde{\theta}-\theta}{2}\right)_s - \theta_s\right\}$$
$$= 2\lambda\cos\frac{\tilde{\theta}-\theta}{2}\left\{-\lambda(\theta_s^2+8\lambda^2)\sin\frac{\tilde{\theta}-\theta}{2} + 2\lambda\theta_{ss}\cos\frac{\tilde{\theta}-\theta}{2}\right.$$
$$\left.\qquad + 4\lambda^2\theta_s + \theta_{sss} + \frac{1}{2}\theta_s^3\right\}$$

と計算されるので,これらを見比べて

$$\frac{1}{2}[\{(\tilde{\theta}_s)_t - (\tilde{\theta}_t)_s\} - \{(\theta_t)_s - (\theta_s)_t\}] = -2\lambda\cos\frac{\tilde{\theta}-\theta}{2}\left\{\theta_t + \frac{1}{2}\theta_s^3 + \theta_{sss}\right\}$$

が得られる.

$\mathbb{R}^2$ 上で定義されたポテンシャル mKdV 方程式の解 $\theta(s;t)$ があれば, $(\theta_s)_t =$

$(\theta_t)_s$ をみたすから (8.2) の積分可能条件 $(\tilde{\theta}_s)_t = (\tilde{\theta}_t)_s$ がみたされる．したがって，指定された定数 λ に対し新しい関数 $\tilde{\theta}(s;t):\mathbb{R}^2 \to \mathbb{R}$ が (8.2) の解として定まる．$\tilde{\theta}$ もポテンシャル mKdV 方程式をみたすことが確かめられる．新しい解 $\tilde{\theta}$ を λ に対する θ の**ベックルンド変換** (Bäcklund transform) とよぶ．対応 $\theta \mapsto \tilde{\theta}$ をポテンシャル mKdV 方程式の**ベックルンド変換**とよぶ．

例 8.2.1 (ソリトン解) ポテンシャル $\theta = 0$ のベックルンド変換を求めてみよう．$\kappa = 0$ は mKdV 方程式の**自明解**あるいは**真空解**とよばれている．

(8.2) より
$$\frac{\partial}{\partial s}\tilde{\theta} = 4\lambda \sin \frac{\tilde{\theta}}{2}, \qquad \frac{\partial}{\partial t}\tilde{\theta} = -16\lambda^3 \sin \frac{\tilde{\theta}}{2}$$
より
$$\int \frac{\mathrm{d}(\tilde{\theta}/2)}{\sin(\tilde{\theta}/2)} = \int \mathrm{d}(2\lambda s - 8\lambda^3 t)$$
であるから左辺の積分を実行して
$$\log \tan \frac{\tilde{\theta}}{4} = 2\lambda s - 8\lambda^3 t + 2\alpha$$
を得る (α は定数)．したがって
$$\theta(s;t) = 4 \tan^{-1} \exp(2\lambda s - 8\lambda^3 t + 2\alpha).$$
これを s で偏微分すると mKdV 方程式の解
$$\tilde{\kappa}(s;t) = 4\lambda \operatorname{sech}(2\lambda s - 8\lambda^3 t + 2\alpha) \tag{8.3}$$
を得る．これはソリトン解である．実際，$\lambda = 1/2$, $\alpha = 0$ と選べば第 6 章で求めた解 (6.7) と一致する．

8.3 非線型重ね合わせの公式

ポテンシャル mKdV 方程式の解 $\theta(s;t)$ が与えられているとしよう．相異なる定数 λ_1 と λ_2 に対し λ_1 による θ のベックルンド変換を θ_1，同様に λ_2 による θ のベックルンド変換を θ_2 としよう．θ_1 と θ_2 は

$$\frac{\partial}{\partial s}\left(\frac{\theta_1+\theta}{2}\right) = 2\lambda_1 \sin\frac{\theta_1+\theta}{2}, \tag{8.4}$$

$$\frac{\partial}{\partial s}\left(\frac{\theta_2+\theta}{2}\right) = 2\lambda_2 \sin\frac{\theta_2+\theta}{2} \tag{8.5}$$

をみたしている．続けて λ_2 による θ_1 のベックルンド変換を θ_{12}, λ_1 による θ_2 のベックルンド変換を θ_{21} とする．

$$\frac{\partial}{\partial s}\left(\frac{\theta_{12}+\theta_1}{2}\right) = 2\lambda_2 \sin\frac{\theta_{12}+\theta_1}{2}, \tag{8.6}$$

$$\frac{\partial}{\partial s}\left(\frac{\theta_{21}+\theta_2}{2}\right) = 2\lambda_1 \sin\frac{\theta_{21}+\theta_2}{2}. \tag{8.7}$$

初期条件を調整することで，$\theta_{12}=\theta_{21}$ とできることが知られている．そこで $\tilde{\theta}=\theta_{12}=\theta_{21}$ とおく．

$$(8.4)-(8.5)-(8.6)+(8.7)=0$$

であることに注意すると興味深い結果が得られる．

$$\begin{aligned} 0 &= \frac{1}{4}\left\{(\theta_1+\theta)_s - (\theta_2+\theta)_s - (\tilde{\theta}+\theta_1)_s + (\tilde{\theta}+\theta_2)_s\right\} \\ &= \lambda_1 \sin\frac{\theta_1-\theta}{2} - \lambda_2 \sin\frac{\theta_2-\theta}{2} - \lambda_2 \sin\frac{\tilde{\theta}-\theta_1}{2} + \lambda_1 \sin\frac{\tilde{\theta}-\theta_2}{2} \\ &= \cos\frac{(\theta_1+\theta_2)-(\tilde{\theta}+\theta)}{4}\left\{\lambda_1 \sin\frac{(\theta_1-\theta_2)+(\tilde{\theta}-\theta)}{4} \right. \\ &\qquad\qquad \left. -\lambda_2 \sin\frac{-(\theta_1-\theta_2)+(\tilde{\theta}-\theta)}{4}\right\}\end{aligned}$$

より

$$\frac{\lambda_1+\lambda_2}{\lambda_2-\lambda_1}\tan\frac{\theta_1-\theta_2}{4} = \tan\frac{\tilde{\theta}-\theta}{4}$$

を得る．これを $\tilde{\theta}$ について解くと

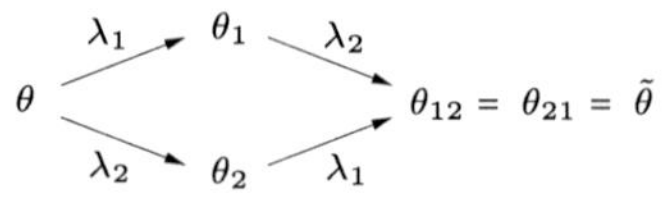

図 8.1 ベックルンド変換の合成

8.3 非線型重ね合わせの公式

$$\tilde{\theta} = \theta + 4\tan^{-1}\left\{\frac{\lambda_1+\lambda_2}{\lambda_2-\lambda_1}\tan\frac{\theta_1-\theta_2}{4}\right\} \tag{8.8}$$

を得る．この等式を**非線型重ね合わせの公式**とよぶ．$\theta=0, \kappa=0$ にベックルンド変換を n 回繰り返して得られる mKdV 方程式の解を n-**ソリトン解**とよぶ．n-ソリトン解 $(n\geq 1)$ をまとめて**多重ソリトン解**とよぶ．非線型重ね合わせの公式から mKdV 方程式の多重ソリトン解は

$$4\frac{\partial}{\partial s}\tan^{-1}(\star)$$

という形をしていることがわかる．

非線型重ね合わせの公式を用いて mKdV 方程式の 2-ソリトン解を求めてみよう．$\theta=0$ および

$$\theta_j = 4\tan^{-1} e^{v_j}, \qquad v_j = 2\lambda_j s - 8\lambda_j^3 t + 2\alpha_j, \qquad j=1,2,\ \lambda_1\neq\lambda_2$$

を (8.8) に代入して得られるポテンシャル mKdV 方程式の解を $\tilde{\theta}$ とする．$\tilde{\theta}$ を s で偏微分したものが 2-ソリトン解 $\tilde{\kappa}$ である．$\tilde{\kappa}$ は

$$\begin{aligned}\tilde{\kappa} = \frac{\partial\tilde{\theta}}{\partial s} &= \frac{(\lambda_1^2-\lambda_2^2)(\kappa_1-\kappa_2)}{(\lambda_1-\lambda_2)^2\cos^2\frac{\theta_1-\theta_2}{4}+(\lambda_1+\lambda_2)^2\sin^2\frac{\theta_1-\theta_2}{4}}\\ &= \frac{4(\lambda_1^2-\lambda_2^2)(\lambda_1\operatorname{sech} v_1-\lambda_2\operatorname{sech} v_2)}{(\lambda_1-\lambda_2)^2\cos^2\frac{\theta_1-\theta_2}{4}+(\lambda_1+\lambda_2)^2\sin^2\frac{\theta_1-\theta_2}{4}}.\end{aligned}$$

と計算される．ただし $\kappa_j = (\theta_j)_s\ (j=1,2)$ である．

ここで

$$\begin{aligned}\cos^2\frac{\theta_1-\theta_2}{4} &= \cos^2(\tan^{-1}e^{v_1}-\tan^{-1}e^{v_2})\\ &= \cosh^2\left(\frac{v_1+v_2}{2}\right)\operatorname{sech} v_1\operatorname{sech} v_2,\\ \sin^2\frac{\theta_1-\theta_2}{4} &= \sinh^2\left(\frac{v_1-v_2}{2}\right)\operatorname{sech} v_1\operatorname{sech} v_2\end{aligned}$$

より

$$\begin{aligned}&(\lambda_1-\lambda_2)^2\cos^2\frac{\theta_1-\theta_2}{4}+(\lambda_1+\lambda_2)^2\sin^2\frac{\theta_1-\theta_2}{4}\\ &= \lambda_1^2+\lambda_2^2-2\lambda_1\lambda_2\operatorname{sech} v_1\operatorname{sech} v_2(1+\sinh v_1\sinh v_2)\end{aligned}$$

を得るので，2-ソリトン解 $\tilde{\kappa}$ が

$$\tilde{\kappa} = \frac{4(\lambda_2^2 - \lambda_1^2)(\lambda_2 \cosh v_1 - \lambda_1 \cosh v_2)}{(\lambda_1^2 + \lambda_2^2) \cosh v_1 \cosh v_2 - 2\lambda_1 \lambda_2 (1 + \sinh v_1 \sinh v_2)} \tag{8.9}$$

と求められる．

8.4 曲線への応用

$\boldsymbol{p}(s;t)$ を曲率 $\kappa(s;t)$ が mKdV 方程式に従う曲線の時間発展とする．このとき (5.12) で定めた角函数 $\theta(s;t)$ はポテンシャル mKdV 方程式の解である．定数 λ に対する θ のベックルンド変換を $\tilde{\theta}$ で表し，函数 $\phi(s;t)$ を

$$\phi = \frac{\tilde{\theta} - \theta}{2}$$

と定めよう．するとベックルンド変換の定義から ϕ は

$$\phi_s + \kappa = \frac{\partial}{\partial s}\left(\frac{\tilde{\theta} - \theta}{2}\right) + \theta_s = \frac{\partial}{\partial s}\left(\frac{\tilde{\theta} + \theta}{2}\right) = 2\lambda \sin\frac{\tilde{\theta} - \theta}{2} = 2\lambda \sin\phi$$

をみたしていることがわかる．したがって $\lambda \neq 0$ に対し，問 2.2.9 より

$$\tilde{\boldsymbol{p}}(s;t) = \boldsymbol{p}(s;t)$$
$$+ \lambda^{-1}\left\{\cos\frac{\tilde{\theta}(s;t) - \theta(s;t)}{2}\boldsymbol{T}(s;t) + \sin\frac{\tilde{\theta}(s;t) - \theta(s;t)}{2}\boldsymbol{N}(s;t)\right\}$$

は $\tilde{\kappa}(s;t) = \tilde{\theta}_s(s;t)$ を曲率にもつ曲線の時間発展であることがわかる．

例 8.4.1 (ソリトン解) $\theta = 0$ のベックルンド変換 $\tilde{\theta} = 4\tan^{-1} e^{\xi}$, ($\xi = 2\lambda s - 8\lambda^3 t + 2\alpha$) から定まる曲線を求める．まずフレネの公式で $\theta = 0, \kappa = 0$ とおくと $F_s = F_t = O$ であるから $F(s;t)$ は定行列である．$F(s;t) = E$ と仮定して一般性を失わない．

$$\boldsymbol{T}(s;t) = (1,0), \qquad \boldsymbol{N}(s;t) = (0,1)$$

ということだから $\boldsymbol{p}(s;t) = (s,0)$ と選べる．$\phi(s;t) = \tilde{\theta}(s,t)/2$ に対し $\cos\phi$ と $\sin\phi$ を計算する．

$e^{\xi} = \tan\tilde{\theta}/4$ であるから

$$\cosh\xi = \operatorname{cosec}\frac{\tilde{\theta}}{2}, \qquad \sinh\xi = -\cot\frac{\tilde{\theta}}{2}$$

である．これらを利用すると

$$\cos\phi(s,t) = \cos(2\tan^{-1}e^\xi) = \cosh\xi,$$
$$\sin\phi(s,t) = \sin(2\tan^{-1}e^\xi) = -\sinh\xi$$

なのでベックルンド変換は

$$\tilde{\boldsymbol{p}} = \left(s - \lambda^{-1}\tanh(2\lambda s - 8\lambda^3 t + 2\alpha), \quad \lambda^{-1}\operatorname{sech}(2\lambda s - 8\lambda^3 t + 2\alpha)\right)$$

と求められる．

$$\tilde{\boldsymbol{T}} = \tilde{\boldsymbol{p}}_s = (1 - 2\operatorname{sech}^2\xi, \quad -2\tanh\xi\operatorname{sech}\xi)$$

より $|\tilde{\boldsymbol{T}}| = 1$ で $\tilde{\boldsymbol{p}}$ の曲率は

$$\tilde{\kappa} = 4\lambda\operatorname{sech}\xi.$$

また

$$\tilde{\boldsymbol{p}}_t = 8\lambda^2\operatorname{sech}\xi(\operatorname{sech}\xi, \ \tanh\xi)$$

であるから

$$\tilde{\boldsymbol{p}}_t = -\tilde{\kappa}_s\tilde{\boldsymbol{N}} - \frac{1}{2}\tilde{\kappa}^2\tilde{\boldsymbol{T}}$$

をみたしていることが確かめられる．

問 8.4.2 (研究課題) 小野[102]はベックルンド変換を改変して $\theta = 0$, $\kappa = 0$ から条件 $\kappa \to \kappa_0$ $(|s| \to \infty)$ をみたす解を構成した (κ_0 は定数).

$$\kappa(s,t) = \kappa_0 + \frac{8\lambda^2}{\sqrt{\kappa_0^2 + 4\lambda^2}\cosh\{2\lambda s - (\frac{3}{2}\kappa_0^2 + 8\lambda^3)t + 2\alpha\} + \kappa_0}, \qquad \alpha\text{は定数}.$$

この解もザブスキーにより見つけられ，やはり**代数的ソリトン解**とよばれている．この解で $\kappa_0 \to 0$ とすると

$$\lim_{\kappa_0 \to 0}\kappa(s,t) = 4|\lambda|\operatorname{sech}(2\lambda s - 8\lambda^3 t + 2\alpha)$$

が得られる．とくに $\lambda = \pm 1/2$, $\alpha = 0$ と選べばソリトン解 (6.7) と一致する．

代数的ソリトン解 (6.12) も小野のベックルンド変換から得られる．

小野が用いたベックルンド変換を利用して代数的ソリトンを曲率にもつ曲線を求めよ．

第9章

ダルブー変換

平面曲線の時間発展から mKdV 方程式とよばれる非線型波動方程式が導かれた．mKdV 方程式は，平面曲線の幾何学とは独立に非線型波動の研究で発見され，その性質が詳しく調べられてきた．この章では非線型波動の研究で解明された mKdV 方程式の性質を紹介する．

mKdV 方程式
$$\kappa_t + \kappa_{sss} + \frac{3}{2}\kappa^2 \kappa_s = 0$$
において $q = \kappa/2$ とおくと
$$q_t + q_{sss} + 6q^2 q_s = 0 \tag{9.1}$$
と書き直される．この章では (9.1) の形で mKdV 方程式を考察する．

9.1* AKNS-ZS 系

$\mathbb{R}^2$ で定義された 2 乗積分可能[*1]，すなわち
$$\iint_{\mathbb{R}^2} |f(s,t)|^2 \, ds\, dt < \infty$$
をみたす函数の全体を $L^2(\mathbb{R}^2)$ で表す．さらに $\mathbb{R}^2$ に値をもつ函数 (ベクトル値函数)
$$\psi(s,t) = \begin{pmatrix} \psi_1(s,t) \\ \psi_2(s,t) \end{pmatrix}$$

[*1] 正確には「ルベーグ積分について 2 乗可積分」とする．ルベーグ積分を用いることで $L^2(\mathbb{R}^2)$, $L^2(\mathbb{R}^2, \mathbb{R}^2)$ をヒルベルト空間にできる．

で成分 ψ_1, ψ_2 が 2 乗可積分，すなわち $\psi_1, \psi_2 \in L^2(\mathbb{R}^2)$ であるものの全体を $L^2(\mathbb{R}^2, \mathbb{R}^2)$ で表す．

1974 年刊行の論文[3] で，アブロヴィッツ (M. J. Ablowitz)，カウプ (D. J. Kaup)，ニューウェル (A. C. Newell)，シーガー (H. Segur)，は次の事実を発表した．

$L^2(\mathbb{R}^2, \mathbb{R}^2)$ 上の作用素 L を

$$L = \begin{pmatrix} 1 & 0 \\ 0 & -1 \end{pmatrix} \frac{\partial}{\partial s} + \begin{pmatrix} 0 & -q \\ r & 0 \end{pmatrix}, \quad u, v \in L^2(\mathbb{R}^2)$$

で定める．L の固有値問題

$$L\psi = \lambda \psi, \quad \psi = \begin{pmatrix} \psi_1 \\ \psi_2 \end{pmatrix}$$

と固有函数の時間発展

$$\frac{\partial}{\partial t}\psi = A\psi, \quad A = \begin{pmatrix} a(s,t,\lambda) & b(s,t,\lambda) \\ c(s,t,\lambda) & -a(s,t,\lambda) \end{pmatrix}$$

を考察する．固有函数 $\psi = {}^t(\psi_1, \psi_2)$ の成分毎に $L\psi = \lambda\psi$ を書き下すと

$$\begin{cases} (\psi_1)_s = \lambda \psi_1 + q\psi_2, \\ (\psi_2)_s = r\psi_1 - \lambda \psi_2. \end{cases}$$

固有函数の時間発展は

$$\begin{cases} (\psi_1)_t = a\psi_1 + b\psi_2, \\ (\psi_2)_t = c\psi_1 - a\lambda\psi_2. \end{cases}$$

固有値問題と時間発展の両立条件 $(\psi_s)_t = (\psi_t)_s$ は**等スペクトル条件** $\lambda_t = 0$ の下では

$$a_s = qc - rb, \quad q_t - 2aq - b_s + 2\lambda b = 0, \quad r_t + 2ar - c_s - 2\lambda c = 0 \quad (9.2)$$

で与えられる．この連立偏微分方程式を **AKNS-ZS 系** (AKNS-ZS-system) とよぶ[*1)]．**AKNS 系** (AKNS-system) とよばれることも多い．

[*1)] あとで説明する NLS 方程式に対する AKNS-ZS 系としての表示はサハロフ (Zaharov, Zakharov とも綴る) とシャバット (Šabat, Shabat とも綴る)[143] により得られたので AKNS と ZS をあわせた名称がつけられている．

問 9.1.1 等スペクトル条件の下では両立条件は

$$\frac{\partial L}{\partial t} + [L, A] = 0, \qquad [L, A] = LA - AL$$

と同値であることを確かめよ.

a,b,c,q,r を上手に選ぶことで，この両立条件がソリトン方程式になる.

例 9.1.2 (KdV)

$$r = -1,$$
$$a = -4\lambda^3 - 2\lambda q - q_s,$$
$$b = -q_{ss} - 2\lambda q_s - 4\lambda^2 q - 2q^2,$$
$$c = 4\lambda^2 + 2q$$

と選べば両立条件は $q_t + 6qq_s + q_{sss} = 0$ となる．この方程式を **KdV 方程式**とよぶ．

ここで KdV 方程式について簡単に紹介しておこう．1834 年 8 月，スコット・ラッセル (Scott Russell) は**孤立波**(solitary wave) を目撃した (Scott Russell [110])．形を変えることなく進む浅い波 (浅水波) という意味で**孤立波**(solitary wave) と呼ばれた．孤立波を記述する微分方程式はずっと後になってコルテヴェーク (Korteweg) とド・フリース (de Vries) により 1895 年の論文で提出された (Korteweg and de Vries[68])：

$$q_t + aqq_s + bq_{sss} = 0, \qquad a,b \text{ は零でない定数}.$$

この方程式は**コルテヴェーク–ド・フリース方程式**(Korteweg-de Vries equation) と呼ばれるようになった．現在では KdV 方程式と略称されることが多い．また数学的考察では独立変数・従属変数の相似変換 (定数倍) を施すことにより KdV 方程式の係数を自由に変えることができる．例えば

$$s = b^{1/3}\tilde{s}, \qquad q = \frac{6b^{1/3}}{a}\tilde{q}$$

とすれば $\tilde{q}_t + 6\tilde{q}\tilde{q}_{\tilde{s}} + \tilde{q}_{\tilde{s}\tilde{s}\tilde{s}} = 0$ という形に直せる．KdV 方程式というときには係数の違いは無視することが多い．KdV 方程式は長らく忘れられていたが 1959 年に磁気流体波の研究においてガードナー (C. S. Gardner) とモリカワ

(G. Morikawa) により逓減摂動法を用いて独立に再発見された[29].

1967 年から 1974 年にかけて発表した論文 ([27],[28]) でガードナー，グリーン (J. M. Greene, 1929–2007), クラスカル (M. D. Kruskal, 1925–2006), ミウラ (R. M. Miura) は「逆散乱法」と呼ばれる方法を導入して KdV 方程式の急減少解を構成した．この本では KdV 方程式等の逆散乱法については詳しく述べないので，田中・伊達[117], 和達[129], 大宮[100], 戸田[120] を参照されたい．逆散乱法発見の経緯についてはミウラ[83] を見るとよい．

逆散乱法は**フーリエ変換法の非線型版**とみなせることを注意しておきたい．線型発展方程式をフーリエ変換で解く操作は，一般には非線型偏微分方程式には望むべくもないが，KdV 方程式に対してはそのような操作があるということが衝撃的な発見であった．先述の AKNS の論文[3] のタイトルは「非線型問題に対するフーリエ解析としての逆散乱法」であることも付記しておこう．

例 9.1.3 (mKdV)

$$r = -q,$$
$$a = -4\lambda^3 - 2\lambda q^2,$$
$$b = -q_{ss} - 2\lambda q_s - 4\lambda^2 q - 2q^3,$$
$$c = q_{ss} - 2\lambda q_s + 4\lambda^2 q + 2q^3$$

と選ぶと mKdV 方程式 $q_t + 6q^2 q_s + u_{sss} = 0$ を得る．

例 9.1.4 (Sine-Gordon)

$$r = -q = \phi_s/2,$$
$$a = \lambda^{-1}(\cos\phi)/4,$$
$$b = c = \lambda^{-1}(\sin\phi)/4$$

と選ぶと $\phi_{st} = \sin\phi$ が得られる．

この方程式をサイン・ゴルドン方程式 (Sine-Gordon equation) とよぶ．サイン・ゴルドン方程式と「曲面の微分幾何学」との関係については[54],[56] を参照されたい (付録 A.2 でも簡単に説明する).

例 9.1.5 (NLS) q,r を**複素数値**とし

$$r = -\bar{q},$$
$$a = 2i\lambda^2 + i|q|^2,$$
$$b = iq_{ss} + 2i\lambda q,$$
$$c = i\overline{q_s} - 2i\lambda\bar{q}$$

と選ぶと $iq_t + q_{ss} + 2|q|^2 q = 0$ が得られる ($i = \sqrt{-1}$). この方程式を**非線型シュレディンガー方程式** (nonlinear Schrödinger equation) とよぶ. **NLS 方程式**と略称する.

注意 9.1.6 偏微分方程式 $iq_t + q_{ss} + 2|q|^2 q = 0$ は**収束型 NLS 方程式**または**明るいソリトン** (bright soliton) をもつ NLS 方程式とよばれている. 一箇所符号を変えた方程式 $iq_t + q_{xx} - 2|q|^2 u = 0$ は**非収束型 NLS 方程式**または**暗いソリトン** (dark soliton) をもつ NLS 方程式とよばれる (丁・井ノ口[18] を参照).

NLS 方程式は空間曲線の時間発展から導かれる (橋本[35]). 本書は平面曲線に話題を絞ったため, NLS と空間曲線の関係には立ち入らない.

注意 9.1.7 (歴史的注釈) ガードナー, グリーン, クラスカル, ミウラによる KdV 方程式の逆散乱法の発表後, ラックス (Lax)[73] の手法を用いてザハロフとシャバットは NLS 方程式の逆散乱法による解法を発表した[143]. 1969 年に刊行された論文[61] において亀高はミウラ変換 (14.9 節で後述する) の初期値問題を考察した.

田中[115]–[116] と和達[127] は mKdV 方程式の逆散乱法による解法を発表し, 多重ソリトン解を与えた. 田中・和達の研究とは独立に広田はこんにち「広田の方法」とよばれる独自の手法で mKdV 方程式の多重ソリトン解を与えていた ([36] として公表された). 広田の方法は第 10 章において説明する. アブロヴィツ, カウプ, ニューウェル, シーガー[1] はサイン・ゴルドン方程式の解法を与えた. これらの研究成果のもとにアブロヴィツ, カウプ, ニューウェル, シーガーは AKNS-ZS 系の着想に至ったのである.

クラスカル (Martin David Kruskal, 1925–2006) ザブスキーと KdV 方程式の数値実験を行い, 粒子的性質をもつ孤立波, すなわち衝突しても波形が崩れない孤立波をもつことを発見した (1965). ザブスキーとクラスカルは粒子的性質をもつ孤立波をソリトンと命名した. 当初はソリトロンと呼んでいたが, ソリトロンという会社があったためソリトンに変更したそうである.

一般相対性理論におけるクラスカル時空 (B. O'Neill, *Semi-Riemannian Geometry with Application to Relativity*, Academic Press (1983), C. W. Misner, K. S. Thorne, J. A. Wheeler, *Gravitation*, Freeman (1973) などを参照) やクラスカル・スゼッケル座標系 (M. Kruskal, Maximal extension of Schwarzschild metric, Phys. Rev. 119 (1960), no. 5, 1743–1744) でも知られている.

[100, p. 109],[121, p. 55] も参照されたい. 著者は 2005 年 2 月に東京大学で開催され

た国際研究集会 "Nonlinear integrable systems and their real world applications" でお会いしたのが最初で最後だった.

9.2　2行2列の定式化

AKNS-ZS 表示は，固有値問題を忘れて 2 次行列値函数の問題に書き換えることができる．実際,

$$\mathcal{U}(\lambda) := \begin{pmatrix} \lambda & r(s,t) \\ q(s,t) & -\lambda \end{pmatrix}, \quad \mathcal{V}(\lambda) := \begin{pmatrix} a(s,t,\lambda) & c(s,t,\lambda) \\ b(s,t,\lambda) & -a(s,t,\lambda) \end{pmatrix} \tag{9.3}$$

とおく[*1]．この対の両立条件 (積分可能条件)

$$\mathcal{V}(\lambda)_s - \mathcal{U}(\lambda)_t + [\mathcal{U}(\lambda), \mathcal{V}(\lambda)] = 0$$

を計算すると AKNS-ZS 系と一致することが確かめられる．従って，AKNS-ZS 系を満たす a, b, c, q, r を用いて $\mathcal{U}(\lambda), \mathcal{V}(\lambda)$ を定義すると連立線型偏微分方程式

$$\frac{\partial}{\partial s}\Psi(\lambda) = \Psi(\lambda)\mathcal{U}(\lambda), \quad \frac{\partial}{\partial t}\Psi(\lambda) = \Psi(\lambda)\mathcal{V}(\lambda) \tag{9.4}$$

の解 $\Psi(\lambda) : \mathbb{R}^2(s,t) \to \mathrm{SL}_2\mathbb{C}$ が存在する．ここで $\mathrm{SL}_2\mathbb{C}$ は

$$\mathrm{SL}_2\mathbb{C} = \left\{ \begin{pmatrix} a & b \\ c & d \end{pmatrix} \,\middle|\, a,b,c,d \in \mathbb{C},\ ad - bc = 1 \right\} \tag{9.5}$$

を意味する ($\mathrm{SL}_2\mathbb{C}$ については第 14 章を参照).

この $\Psi(\lambda)$ を**行列値波動函数**とよぶ[*2]．この線型問題と，もとの固有値問題の関係は次のようになっている．(9.4) の解である行列値波動函数 $\Psi(\lambda)$ の行ベクトルを一つ選び (ψ_1, ψ_2) と書く:

$$\frac{\partial}{\partial s}(\psi_1, \psi_2) = (\psi_1, \psi_2)\mathcal{U}(\lambda), \quad \frac{\partial}{\partial t}(\psi_1, \psi_2) = (\psi_1, \psi_2)\mathcal{V}(\lambda) \tag{9.6}$$

この行ベクトル値函数を転置したものを ψ と書けばもとの固有値問題:

[*1]　これらはリー環 $\mathfrak{sl}_2\mathbb{C}$ に値をもつ函数である.
[*2]　AKNS-ZS 表示される系では，実際には Ψ が $\mathrm{SL}_2\mathbb{C}$ の部分群 $\mathrm{SU}(2), \mathrm{SU}(1,1), \mathrm{SL}_2\mathbb{R}$ に収まることが多い．

$$L\psi = \lambda\psi, \qquad \frac{\partial}{\partial t}\psi = A\psi$$

の解である．逆に固有値問題の基本解 (線型独立な 2 本の解)$\psi, \hat{\psi}$ を用いて $\Psi = {}^t(\psi, \hat{\psi})$ とおけば (9.4) を満たす．

以上見たように，AKNS-ZS 系は 2 行 2 列の行列値函数 (行列値波動函数) に対する線型微分方程式系に書き換えられる．そのため AKNS-ZS 表示を **2 行 2 列の定式化**(2 by 2 matrix formalism) ともよぶ．

問 9.2.1 線型問題 (9.4) の解 $\Psi(\lambda)$ の行ベクトルの 1 本 (ψ_1, ψ_2) を用いて補助的な函数 Γ を $\Gamma = \psi_1/\psi_2$ で定める．

(1) Γ は次のリッカチ型微分方程式を満たすことを確かめよ (和達・佐貫・紺野[132])．

$$\Gamma_s = -r\Gamma^2 + 2\lambda\Gamma + q, \qquad \Gamma_t = -c\Gamma^2 + 2a\Gamma + b.$$

(2) $\mathcal{D} := r\Gamma, \mathcal{F} := a - c\Gamma$ と定めるとこの組は保存則：

$$\frac{\partial \mathcal{D}}{\partial t} + \frac{\partial \mathcal{F}}{\partial s} = 0$$

を満たすことを示せ．流体力学用語を借用して，$\mathcal{D}$ を AKNS-ZS 系の**保存密度**(conserved density)，$\mathcal{F}$ を**流束**(flux) とよぶ．

注意 9.2.2 (専門的な注意) 平面上のリーマン計量 (小林[64, 第 3 章] 参照) について学んだ人向けの注意をしておく．

AKNS-ZS 表示は双曲平面 $\mathbb{H}^2$ の構造方程式という微分幾何学的解釈ができる (佐々木[107])．実際，数平面 $\mathbb{R}^2(s,t)$ 内の単連結領域 $\mathcal{D}$ 上に 1 次微分形式の組

$$\omega_1 = (u+v)\mathrm{d}s + (b+c)\mathrm{d}t,$$
$$\omega_2 = 2\lambda\,\mathrm{d}s + 2a\,\mathrm{d}t,$$
$$\omega_{12} = (v-u)\,\mathrm{d}s + (c-b)\,\mathrm{d}t$$

を定める．AKNS-ZS 系はこの微分形式の組に対する方程式

$$\mathrm{d}\omega_1 = \omega_{12} \wedge \omega_2,$$
$$\mathrm{d}\omega_2 = -\omega_{12} \wedge \omega_1,$$
$$\mathrm{d}\omega_{12} = \omega_1 \wedge \omega_2$$

と同値であることが確かめられる．$g = (\omega_1)^2 + (\omega_2)^2$ とおくと g は $\mathcal{D}$ 上のリーマン計量を定める．AKNS-ZS 系は g のガウス曲率が -1 であることを意味している．

9.3* シュレディンガー作用素

1次元シュレディンガー方程式

$$-\phi_{ss} - q(s)\phi = \lambda\phi$$

を考察しよう．この方程式は**シュレディンガー作用素**(**スツルム–リウヴィル作用素**ともよばれる)

$$L_q = -\frac{d^2}{ds^2} - q(s)$$

に対する固有値問題

$$L_q\phi = \lambda\phi, \tag{9.7}$$

と理解できる．$q = q(s)$ を L_q の**ポテンシャル**とよぶ．固有関数 ϕ は λ と s の2つに依存することに注意しよう．s に関する微分演算をプライム ($\prime$) で表す．

ダルブー (G. Darboux)[17] はシュレディンガー方程式の1つの解から別の解をつくる操作を発見した．ダルブーの定理を説明しよう．

固有値 λ_1 に対する固有関数 $\tau(s)$ を1つ求めておく．$L_q\tau = \lambda_1\tau$ より

$$\tau''(s) = -(q(s) + \lambda_1)\tau(s) \tag{9.8}$$

である．固有値 λ に対する固有関数 $\phi(s, \lambda)$ に対し新しい関数 $\tilde{q}(s)$ と $\tilde{\phi}(s, \lambda)$ を

$$\tilde{q}(s) = q(s) + 2\left(\frac{\tau'(s)}{\tau(s)}\right)', \quad \tilde{\phi}(s, \lambda) = \phi'(s, \lambda) - \frac{\tau'(s)}{\tau(s)}\phi(s, \lambda) \tag{9.9}$$

で定める．

定理 9.3.1 (ダルブーの定理 (1882)) $\tilde{\phi}$ は $\tilde{q}$ をポテンシャルにもつシュレディンガー作用素 $L_{\tilde{q}}$ の固有値 λ に対する固有関数である．すなわち $L_{\tilde{q}}\tilde{\phi} = \lambda\tilde{\phi}$．

証明 $\tilde{\phi}$ を s で2回微分すると

$$
\begin{aligned}
-\tilde{\phi}'' &= -\phi''' + \left\{\left(\frac{\tau'}{\tau}\right)'\phi + \left(\frac{\tau'}{\tau}\right)\phi'\right\}' \\
&= -\phi''' + \left\{\left(\frac{\tau'}{\tau}\right)''\phi + 2\left(\frac{\tau'}{\tau}\right)'\phi' + \left(\frac{\tau'}{\tau}\right)\phi''\right\}
\end{aligned}
$$

である．ここで $L_q\phi = \lambda\phi$ より $\phi'' = -(\lambda+q)\phi$ であるから $\phi''' = -q'\phi - (\lambda+q)\phi'$．これを代入して

$$-\tilde{\phi}'' = \left\{\lambda + q + 2\left(\frac{\tau'}{\tau}\right)\right\}\phi' + \left\{q' + \left(\frac{\tau'}{\tau}\right)'' - (q+\lambda)\left(\frac{\tau'}{\tau}\right)\right\}\phi$$

$$= (\tilde{q}+\lambda)\phi' + \left\{q' + \left(\frac{\tau'}{\tau}\right)'' - (q+\lambda)\left(\frac{\tau'}{\tau}\right)\right\}\phi$$

また (9.8) より

$$\left(\frac{\tau'}{\tau}\right)' = \frac{\tau''}{\tau} - \left(\frac{\tau'}{\tau}\right)^2 = -q - \lambda_1 - \left(\frac{\tau'}{\tau}\right)^2.$$

この両辺を s で微分すると

$$\left(\frac{\tau'}{\tau}\right)'' = -q'\tau - 2\left(\frac{\tau'}{\tau}\right)\left(\frac{\tau'}{\tau}\right)'$$

を得る．以上より

$$-\tilde{\phi}'' = (\tilde{q}+\lambda)\left\{\phi' - \left(\frac{\tau'}{\tau}\right)\phi\right\} = (\tilde{q}+\lambda)\tilde{\phi}$$

を得た．■

ϕ から $\tilde{\phi}$ を作る操作 (9.9) を**ダルブー変換**とよぶ (Matveev-Salle[75])．19世紀に発見されたダルブー変換は KdV 方程式の研究で再び注目されるようになった．

シュレディンガー作用素のポテンシャルを (s,t) の2変数函数 $q(s,t)$ に置き換えてみる．

$$L_q = -\frac{\partial^2}{\partial s^2} - q(s,t).$$

固有値問題 $L_q\phi = \lambda\phi$ と固有函数の時間発展

$$\frac{\partial}{\partial t}\phi = A_q\phi$$

を同時に考える．ここで A_q は

$$A_q = -4\partial_s^3 - 3q\partial_s - 3\partial_s \cdot q$$

で定める．すなわち函数 f に

$$A_q f = -4f_{sss} - 3qf_s - 3(qf)_s = -4f_{sss} - 6qf_s - 3q_s f$$

9.3* シュレディンガー作用素

を対応させる規則である.

固有値問題と固有函数の時間発展が両立しているという条件の下で $L_q\phi - \lambda\phi = 0$ の両辺を t で偏微分してみる. まず

$$-\frac{\partial}{\partial t}(L_q\phi) = \partial_t(\partial_s\partial_s\phi + q\phi) = \partial_s\partial_s\partial_t\phi + q_t\phi + q\phi_t$$
$$= \partial_s^2(A_q\phi) + q_t\phi + A_q\phi$$
$$= -(L_q + q)A_q\phi + q_t\phi + qA_q\phi = (q_t - L_q A_q)\phi$$

が得られる. 一方, λ は s に依存していないので

$$\frac{\partial}{\partial t}(\lambda\phi) = \lambda_t\phi + \lambda\phi_t = \lambda_t\phi + \lambda A_q\phi = \lambda_t\phi + A_q(\lambda\phi)$$
$$= \lambda_t\phi + A_q L_q\phi = (\lambda_t + A_q L_q)\phi$$

を得る. したがって

$$0 = \frac{\partial}{\partial t}(L_q\phi - \lambda\phi) = (-q_t - L_q A_q + A_q L_q + \lambda_t)\phi$$

を得る. ここで**等スペクトル条件** $\lambda_t = 0$ を課すと

$$-q_t - L_q A_q + A_q L_q = 0 \tag{9.10}$$

を得る. ここで (少々長い計算で)

$$L_q(A_q\phi) - A_q(L_q\phi) = (\partial_s^2 + q)(4\phi_{ss} + 6q\phi_s + 3q_s\phi)$$
$$- (\partial_s^2 + 6q\partial_s + 3q)(\phi_{ss} + q\phi)$$
$$= -(6qq_s + q_{sss})\phi$$

が確かめられるので (9.10) は KdV 方程式

$$q_t + 6qq_s + q_{sss} = 0 \tag{9.11}$$

と一致することがわかった. シュレディンガー作用素 L_q に対しその t による偏導函数を

$$\frac{\partial L_q}{\partial t}f = -\frac{\partial q}{\partial t}f$$

で定めれば (9.10) は

$$\frac{\partial L_q}{\partial t} + [L_q, A_q] = 0, \qquad [L_q, A_q] = L_q A_q - A_q L_q \tag{9.12}$$

と書き直せる. (9.12) を KdV 方程式の**ラックス表示**とよぶ (Lax[73]).

KdV 方程式の解 $q(s,t)$ が与えられたとき, q をポテンシャルにもつシュレディンガー作用素 L_q の固有値 λ と固有函数が定まる. 固有函数の t に関する変化は A_q を用いて求められる (順問題). 逆に

$$L_q\phi = \lambda\phi, \quad \phi_t = A_q\phi$$

のデータからポテンシャル $q(s,t)$ を構成する問題 (逆問題) を解くことで KdV 方程式の解を求めることができる.

ダルブー変換とラックス表示の関係を説明しよう. KdV 方程式の解 $q(s,t)$ をポテンシャルにもつシュレディンガー作用素 L_q に対し固有値問題 $L_q\phi = \lambda_1\phi$ を解く. 固有値 λ_1 に対する固有函数 $\tau(s,t)$ を用いて $\phi(s,t,\lambda)$ のダルブー変換

$$\tilde{\phi}(s,t,\lambda) = \frac{\partial}{\partial s}\phi(s,t,\lambda) - \frac{\partial}{\partial s}\left(\log\tau(s,t)\right)\phi(s,t,\lambda),$$

$$\tilde{q}(s,t,\lambda) = q(s,t,\lambda) + 2\frac{\partial^2}{\partial s^2}\log\tau(s,t)$$

を作ると長い計算で次の事実を確かめられる.

定理 9.3.2 $\tilde{\phi}$ は

$$L_{\tilde{q}}\tilde{\phi} = \lambda\tilde{\phi}, \quad \tilde{\phi}_t = A_{\tilde{q}}\tilde{\phi}$$

をみたす.

この事実から $\tilde{q}$ は KdV 方程式の解であることがわかる. したがって KdV 方程式の解 q から新しい解 $\tilde{q}$ を求めることができた. この新しい解をつくる操作 $q \longmapsto \tilde{q}$ を KdV 方程式の**ダルブー変換**とよぶ.

KdV 方程式に対するダルブー変換は, AKNS-ZS 系に一般化されている. 第 9.5 節では mKdV のダルブー変換を AKNS-ZS 表示を用いて考察する.

ダルブー (Jean Gatson Darboux, 1842–1917) フランス, ニーム (Nîmes) 生まれ. 1866 年にエコール・ノルマル (École normale supérieure) に学位論文『直交する曲面について』*Sur les surfaces orthogonales* を提出. 曲面の微分幾何学と偏微分方程式の解法理論を詳述した大部の著作『曲面の一般理論講義』*Leçons sur la théorie générale des surfaces* (全4巻, 1887–1896) がある. この著作は『ダルブーの曲面論』と略称される. また直交3重系に関する著作『直交系と曲線座標系』*Leçons sur les systèms orthogonaux et les coordonnées curvilignes* (1898) がある. このどちらの

著書とも，単純に古典と言い切れない内容を含んでいる．たとえば，『曲面論』では射影幾何学における曲面の変換が考察されているが，その変換 (ラプラス変換とよばれる) から 2 次元戸田格子とよばれる方程式が導かれている ([87] 参照)．ダルブーの著書を現代数学の視点で読んでみると「古典微分幾何学は無限可積分系の宝庫」という感を強くする．

9.4　ベックルンド変換の導出

第 8 章で導入したポテンシャル mKdV 方程式に対するベックルンド変換 (8.2) を AKNS 表示を用いて導けることを説明しよう．

まず mKdV 方程式

$$q_t + 6q^2 q_s + q_{sss} = 0$$

は行列値関数 $\Psi(\lambda)$ に対する連立偏微分方程式

$$\frac{\partial}{\partial s}\Psi(\lambda) = \Psi(\lambda)\mathcal{U}(\lambda), \qquad \frac{\partial}{\partial t}\Psi(\lambda) = \Psi(\lambda)\mathcal{V}(\lambda), \qquad (9.13)$$

$$\mathcal{U}(\lambda) = \begin{pmatrix} \lambda & -q \\ q & -\lambda \end{pmatrix},$$

$$\mathcal{V}(\lambda) = \begin{pmatrix} -4\lambda^3 - 2q^2\lambda & 4q\lambda^2 - 2q_s\lambda + 2q^3 + q_{ss} \\ -4q\lambda^2 - 2q_s\lambda - 2q^3 - q_{ss} & 4\lambda^3 + 2q^2\lambda \end{pmatrix}, \quad \lambda \in \mathbb{R}$$

の積分可能条件

$$\mathcal{V}(\lambda)_s - \mathcal{U}(\lambda)_t + [\mathcal{U}(\lambda), \mathcal{V}(\lambda)] = O$$

である (例 9.1.3, (9.3), (9.4) を参照)．

注意 9.4.1　mKdV 方程式 $\kappa_t + \kappa_{sss} + \frac{3}{2}\kappa^2\kappa_s = 0$ に従う曲線の時間発展で得られた行列値関数の組 $\{U, V\}$ とここで考察している $\{\mathcal{U}(\lambda), \mathcal{V}(\lambda)\}$ は次の関係にある．

$$U(s,t) = \begin{pmatrix} 0 & -\kappa(s,t) \\ \kappa(s,t) & 0 \end{pmatrix} = 2\mathcal{U}(0),$$

$$V(s,t) = \begin{pmatrix} 0 & \kappa_{ss} + \frac{1}{2}\kappa^3 \\ -\kappa_{ss} - \frac{1}{2}\kappa^3 & 0 \end{pmatrix} = 2\mathcal{V}(0).$$

q のポテンシャル θ を (5.12) で定める．定義より $\theta_s = \kappa = 2q$ であり，θ はポテンシャル mKdV 方程式

$$\theta_t + \theta_{sss} + \frac{1}{2}\theta_s^3 = 0$$

をみたす.

連立方程式

$$\frac{\partial}{\partial s}(\psi_1, \psi_2) = (\psi_1, \psi_2)\,\mathcal{U}(\lambda), \qquad \frac{\partial}{\partial t}(\psi_1, \psi_2) = (\psi_1, \psi_2)\,\mathcal{V}(\lambda)$$

の解 (ψ_1, ψ_2) を用いて $\Gamma = \psi_1/\psi_2$ とおくと Γ は次のリッカチ方程式をみたす (問 9.2.1).

$$\Gamma_s = q + 2\lambda\Gamma + q\Gamma^2, \tag{9.14}$$

$$\Gamma_t = -4\lambda^2 q - 2\lambda q_s - 2q^3 - q_{ss} \tag{9.15}$$
$$-4(2\lambda^3 + \lambda q^2)\Gamma - (4\lambda^2 q - 2\lambda q_s + 2q^3 + q_{ss})\Gamma^2.$$

とくに s に関するリッカチ方程式 (9.14) は

$$\frac{\Gamma_s}{1+\Gamma^2} = q + \frac{2\lambda\Gamma}{1+\Gamma^2}$$

と書き直せることに注意しよう. ここで $\tilde{\Gamma} = 1/\Gamma$ とおくと

$$\tilde{\Gamma}_s = -\frac{\Gamma_s}{\Gamma^2}\Gamma_s = -q(1+\tilde{\Gamma}^2) - 2\lambda\tilde{\Gamma}$$

より

$$\frac{\tilde{\Gamma}_s}{1+\tilde{\Gamma}^2} = -q - \frac{2\lambda\tilde{\Gamma}}{1+\tilde{\Gamma}^2}$$

をみたすことがわかる. さらに

$$\frac{2\lambda\tilde{\Gamma}}{1+\tilde{\Gamma}^2} = \frac{2\lambda\Gamma}{1+\Gamma^2}$$

であることに注意しよう. ここまでの観察から

$$\tilde{q} + \frac{2\lambda\tilde{\Gamma}}{1+\tilde{\Gamma}^2} = -q - \frac{2\lambda\tilde{\Gamma}}{1+\tilde{\Gamma}^2} \tag{9.16}$$

で $\tilde{q}$ を定めれば $(\tilde{q}, \tilde{\Gamma})$ はリッカチ方程式

$$\tilde{\Gamma}_s = \tilde{q} + 2\lambda\tilde{\Gamma} + \tilde{q}\tilde{\Gamma}^2$$

をみたすことがわかる. (9.16) を

$$\tilde{q} + q = \frac{-4\lambda \tilde{\Gamma}}{1+\tilde{\Gamma}^2} = \frac{-4\lambda \Gamma}{1+\Gamma^2} \tag{9.17}$$

と書き直す．$1/(1+\Gamma^2)$ が現れているので

$$\frac{\partial}{\partial s} \tan^{-1} \Gamma$$

と比べてみることを思いつく．計算を実行すると

$$\frac{\partial}{\partial s} \tan^{-1} \Gamma = \frac{\Gamma_s}{1+\Gamma^2} = q + \frac{2\lambda \Gamma}{1+\Gamma^2},$$

すなわち

$$\frac{2\lambda \Gamma}{1+\Gamma^2} = \frac{\partial}{\partial s} \tan^{-1} \Gamma - q$$

であるからこれを (9.17) に代入すると

$$\frac{q - \tilde{q}}{2} = \frac{\partial}{\partial s} \tan^{-1} \Gamma$$

を得る．ここで

$$\theta_s = 2q, \qquad \tilde{\theta}_s = 2\tilde{q}$$

をみたす函数 $\theta(s;t), \tilde{\theta}(s;t)$ を用いると

$$\frac{\partial}{\partial s}\left(\frac{\theta - \tilde{\theta}}{4}\right) = \frac{\partial}{\partial s} \tan^{-1} \Gamma$$

と書き直せるので $\tilde{\theta}$ を

$$\Gamma = \tan \frac{\theta - \tilde{\theta}}{4} \tag{9.18}$$

で定めてよいことがわかる．(9.18) をリッカチ方程式 (9.14) に代入すると

$$\frac{\partial}{\partial s}\left(\frac{\tilde{\theta} + \theta}{2}\right) = 2\lambda \sin \frac{\tilde{\theta} - \theta}{2} \tag{9.19}$$

が得られる．同様に (9.18) を (9.16) に代入すると

$$\frac{\partial}{\partial t}\left(\frac{\tilde{\theta} + \theta}{2}\right) = -\lambda(8\lambda^2 + \theta_s^2)\sin \frac{\tilde{\theta} - \theta}{2} + 2\lambda \theta_{ss} \cos \frac{\tilde{\theta} - \theta}{2} + 4\lambda^2 \theta_s \tag{9.20}$$

を得る．したがって第 8 章で与えたベックルンド変換 (8.2) が導けた (和達・佐貫・紺野[131]–[132])．

9.5 ダルブー行列

mKdV 方程式に対するダルブー変換を説明しよう.
(9.13) の解
$$\Psi(\lambda) = \begin{pmatrix} \Psi_{11}(s,t,\lambda) & \Psi_{12}(s,t,\lambda) \\ \Psi_{21}(s,t,\lambda) & \Psi_{22}(s,t,\lambda) \end{pmatrix}$$
が 1 つ与えられているとしよう. $\lambda_1, \mu_1 \in \mathbb{R}$ に対し
$$\sigma(s,t) := \frac{\Psi_{22}(s,t,\lambda_1) + \mu_1 \Psi_{12}(s,t,\lambda_1)}{\Psi_{21}(s,t,\lambda_1) + \mu_1 \Psi_{11}(s,t,\lambda_1)},$$
$$D(\lambda) = \lambda E - \frac{\lambda_1}{1+\sigma^2} \begin{pmatrix} 1-\sigma^2 & 2\sigma \\ 2\sigma & \sigma^2 - 1 \end{pmatrix}$$
とおく. さらに
$$\hat{\Psi}(\lambda) := \Psi(\lambda) D(\lambda)$$
とおく. すると
$$\hat{\mathcal{U}}(\lambda) := \hat{\Psi}(\lambda)^{-1} \frac{\partial \hat{\Psi}(\lambda)}{\partial s} = D^{-1} \Psi(\lambda)^{-1} (\Psi_s(\lambda) D + \Psi(\lambda) D_s)$$
$$= D^{-1} \mathcal{U}(\lambda) D + D^{-1} D_s.$$
同様に
$$\hat{\mathcal{V}}(\lambda) := \hat{\Psi}(\lambda)^{-1} \frac{\partial \hat{\Psi}(\lambda)}{\partial t} = D^{-1} \mathcal{V}(\lambda) D + D^{-1} D_t.$$
これらを実際に計算してみれば
$$\hat{\mathcal{U}}(\lambda) = \begin{pmatrix} \lambda & -\hat{q} \\ \hat{q} & -\lambda \end{pmatrix},$$
$$\hat{\mathcal{V}}(\lambda) = \begin{pmatrix} -4\lambda^3 - 2\hat{q}^2 \lambda & 4\hat{q}\lambda^2 - 2\hat{q}_s \lambda + 2\hat{q}^3 + \hat{q}_{ss} \\ -4\hat{q}\lambda^2 + 2\hat{q}_s \lambda - 2\hat{q}^3 - \hat{q}_{ss} & 4\lambda^3 + 2\hat{q}^2 \lambda \end{pmatrix},$$
$$\hat{q} = q + \frac{4\lambda_1 \sigma}{1+\sigma^2}$$
を得る. ということは $\hat{q}$ も (9.1) の解である. $\hat{q}$ を (λ_1, μ_1) をデータとする q の**ダルブー変換**とよぶ. また D を**ダルブー行列**とよぶ.

9.5 ダルブー行列

問 9.5.1 (研究課題) ダルブー変換とベックルンド変換の関係を調べよ.
(ヒント) q のダルブー変換 $\hat{q}$ とベックルンド変換 $\tilde{q}$ はそれぞれ

$$\hat{q} = q + \frac{4\lambda_1 \sigma}{1+\sigma^2}, \qquad \tilde{q} = -q + \frac{-4\Gamma}{1+\Gamma^2}$$

で与えられる.

簡単な例を計算しておこう. 自明解 (真空解) $q=0$ のダルブー変換を求めよう. $q=0$ に対する (9.13) は

$$\mathcal{U}^{(0)}(\lambda) = \begin{pmatrix} \lambda & 0 \\ 0 & -\lambda \end{pmatrix}, \qquad \mathcal{V}^{(0)}(\lambda) = \begin{pmatrix} -4\lambda^3 & 0 \\ 0 & 4\lambda^3 \end{pmatrix}$$

で与えられる. これらは互いに可換であるから (9.13) の解 $\Psi^{(0)}$ は行列の指数函数

$$\exp X = \sum_{n=0}^{\infty} \frac{1}{n!} X^n, \qquad X \in \mathrm{M}_2\mathbb{R}$$

を用いて次のように計算される.

$$\begin{aligned}
\Psi^{(0)}(\lambda) &= \exp(s\,\mathcal{U}^{(0)}(\lambda) + t\,\mathcal{V}^{(0)}(\lambda)) \\
&= \exp\begin{pmatrix} s\lambda - 4t\lambda^3 & 0 \\ 0 & -s\lambda + 4t\lambda^3 \end{pmatrix} \\
&= \sum_{n=0}^{\infty} \frac{1}{n!} \begin{pmatrix} s\lambda - 4t\lambda^3 & 0 \\ 0 & -s\lambda + 4t\lambda^3 \end{pmatrix}^n \\
&= \begin{pmatrix} \exp(s\lambda - 4t\lambda^3) & 0 \\ 0 & \exp(-s\lambda + 4t\lambda^3) \end{pmatrix}
\end{aligned}$$

$\lambda_1 \neq 0$, $\mu_1 = \exp(2\alpha_1) > 0$ と選び, ダルブー行列 $D^{(1)}$ を求めよう.

$$\sigma_1 = \frac{\exp(-(s\lambda_1 - 4t\lambda_1^3))}{\mu_1 \exp(s\lambda_1 - 4t\lambda_1^3)} = \exp(-2\lambda_1 s + 8\lambda_1^3 t - 2\alpha_1)$$

より

$$D^{(1)} = \lambda E - \frac{\lambda_1}{\cosh v_1} \begin{pmatrix} \sinh v_1 & 1 \\ 1 & -\sinh v_1 \end{pmatrix},$$
$$v_1 := 2\lambda_1 s - 8\lambda_1^3 t + 2\alpha_1.$$

したがって $q=0$ のダルブー変換 q_1 は

$$q_1 = 2\lambda_1 \mathrm{sech}\,(2\lambda_1 s - 8\lambda_1^3 t + 2\alpha_1) \tag{9.21}$$

となるが，$\kappa_1 = 2q_1$ は (8.3) で求めたソリトン解である．とくに $\alpha_1 = 0$, $\lambda_1 = 1/2$ と選び $\kappa = 2q_1$ とおけば第 6 章で求めた解 (6.7) と一致する．

ダルブー変換の繰り返しを考えよう．

$$\Psi^{(0)} \longrightarrow \Psi^{(1)} = \Psi^{(0)} D^{(1)} \longrightarrow \Psi^{(2)} = \Psi^{(1)} D^{(2)}$$

$q=0$ から始めると

$$\Psi^{(1)} = \begin{pmatrix} (\lambda - \lambda_1 \tanh v_1)e^{s\lambda - 4t\lambda^3} & -\lambda_1 \mathrm{sech}\,v_1 e^{-s\lambda + 4t\lambda^3} \\ -\lambda_1 \mathrm{sech}\,v_1 e^{s\lambda - 4t\lambda^3} & (\lambda + \lambda_1 \tanh v_1)e^{-s\lambda + 4t\lambda^3} \end{pmatrix},$$

$$\sigma_2 = \frac{-\lambda_1 \mathrm{sech}\,v_1 + (\lambda_2 + \lambda_1 \tanh v_1)e^{-v_2}}{(\lambda_2 - \lambda_1 \tanh v_1) - \lambda_1 \mathrm{sech}\,v_1 e^{-v_2}},$$

$$v_2 = 2\lambda_2 s - 8\lambda_2^3 t + 2\alpha_2.$$

したがって，ダルブー変換を真空解に 2 回施して得られる解 q_2 は

$$q_2 = \frac{4\lambda_1 \sigma_1}{1 + \sigma_1^2} + \frac{4\lambda_2 \sigma_2}{1 + \sigma_2^2}$$

$$= \frac{2(\lambda_2^2 - \lambda_1^2)(\lambda_2 \cosh v_1 - \lambda_1 \cosh v_2)}{(\lambda_1^2 + \lambda_2^2) \cosh v_1 \cosh v_2 - 2\lambda_1 \lambda_2 (1 + \sinh v_1 \sinh v_2)}$$

である．この解 q_2 は 8.4 節で求めた 2-ソリトン解 (8.9) である．

問 9.5.2 2-ソリトンの定める曲線を求め，図示せよ．

一般の AKNS-ZS 系に対するダルブー変換については Gu, Hu, Zhou[32], Rogers-Schief[106] を参照されたい．

注意 9.5.3 (AKNS-ZS 系の一般化) AKNS-ZS 系の一般化として次の系が提案された．

$$\frac{\partial}{\partial s}(\psi_1, \psi_2) = (\psi_1, \psi_2)\hat{\mathcal{U}}(\lambda), \qquad \frac{\partial}{\partial t}(\psi_1, \psi_2) = (\psi_1, \psi_2)\hat{\mathcal{V}}(\lambda),$$

$$\hat{\mathcal{U}}(\lambda) = \begin{pmatrix} -f(\lambda) & g(\lambda)r(s,t) \\ g(\lambda)q(s,t) & f(\lambda) \end{pmatrix}, \quad \hat{\mathcal{V}}(\lambda) = \begin{pmatrix} A(s,t,\lambda) & C(s,t,\lambda) \\ B(s,t,\lambda) & -A(s,t,\lambda) \end{pmatrix}.$$

ここで $f(\lambda)$ と $g(\lambda)$ は λ の関数とする．この系の等スペクトル条件下での積分可能条件は

9.5 ダルブー行列

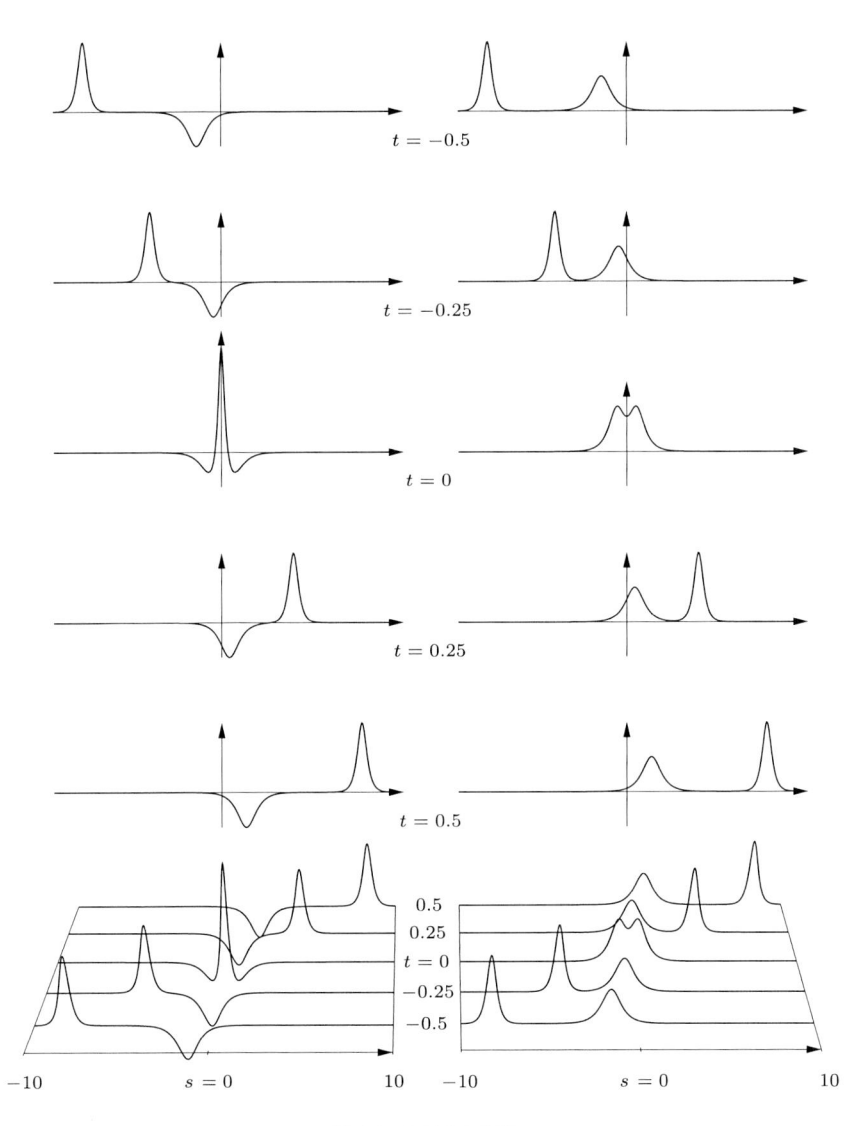

図 9.1 2-ソリトン解

$$A_s + g(rB - qC) = 0,$$
$$Gq_t - B_s - 2fB - 2GqA = 0,$$
$$Gr_t - C_s + 2fC + 2GrA = 0$$

である. $f(\lambda) = -\lambda$, $g(\lambda) = 1$ と選べば AKNS-ZS 系に他ならない. カウプとニューウェル[62]は $f(\lambda) = i\lambda^2$, $g(\lambda) = \lambda$ と選んだ系を考察した (**KN 系**とよばれている). KN 系からは**微分型非線型シュレディンガー方程式**(∂NLS 方程式)

$$q_t - iq_{ss} \mp (|q|^2 q)_s = 0$$

が得られる. また和達・紺野・市川[130]は $f(\lambda) = i\lambda$, $g(\lambda) = \lambda$ と選んだ系を考察した (**WKI 系**). WKI 系でこの本の内容と関わる例を紹介しておく. WKI 系において

$$q = -r,$$
$$A = -\frac{4i}{\sqrt{1+q^2}}\lambda^3,$$
$$B = \frac{4i}{\sqrt{1+q^2}}\lambda^3 + \frac{2iq}{(1+q^2)^{\frac{2}{3}}}\lambda^2 - \left(\frac{q_s}{(1+q^2)^{\frac{2}{3}}}\lambda\right)_s = -C$$

と選ぶと, WKI 系の積分可能条件は

$$q_t + \left(\frac{q_s}{(1+q^2)^{\frac{3}{2}}}\right)_{ss} = 0$$

となる. これは第 5 章の最後の注意で取り上げた (5.13) である.

この方程式は**ループソリトン方程式**ともよばれている. 紺野とジェフリー (Jeffrey)[67]は (5.13) を用いて 2-ソリトン解の定める曲線を与えている. 本書ではヤコビの楕円函数を用いて mKdV 方程式の進行波解を与えた. 松谷はシグマ函数を用いた表示を与えている[78]-[79].

AKNS-ZS 系, KN 系, WKI 系の相互関係については和達・十河[133]を参照されたい.

第10章

広田の方法

　　mKdV 方程式の多重ソリトン解は逆散乱法によって求めることができた．実は，多重ソリトン解は逆散乱法を用いずとも求めることが可能である．逆散乱法によらない方法は直接法とよばれるようになった．この本でもベックルンド変換とダルブー変換をすでに紹介してきた．この2つの方法に加え，ソリトン方程式の研究で強力な手法として知られているものに広田の方法がある．この章では広田良吾による独創的な手法である「広田の方法」をとりあげ，mKdV 方程式 $q_t + 6q^2 q_s + q_{sss} = 0$ の多重ソリトン解の構成法を説明する．

10.1 広田微分

　函数 $q(s,t)$ に対し $q(s,t) = g(s,t)/f(s,t)$ とおく．s による偏微分演算を $'$，t による偏微分演算を $\cdot$ で表す．

$$\dot{q} = \frac{1}{f^2}(\dot{g}f - g\dot{f}),$$

$$q' = \frac{1}{f^2}(g'f - gf'),$$

$$q'' = \frac{1}{f^2}(g''f - gf'') - \frac{2f'}{f^3}(g'f - gf')$$

と計算される．q'' をさらに s で偏微分すると

$$q''' = \frac{1}{f^2}\{(g'''f - gf''') + (g''f' - g'f'')\}$$
$$- \frac{4f'}{f^3}(g''f - gf'') + \frac{2}{f^4}\{3(f')^2 - f''f\}(g'f - gf') \quad (10.1)$$

ここまでの計算をふりかえると $g'f - gf'$ という項が繰り返し出てきていることに気づく．そこで函数 g, f に対し

$$D_s\, g\cdot f = g'f - gf' \tag{10.2}$$

と定めることにしよう．同様に $D_t\, g\cdot f = \dot{g}f - g\dot{f}$ と定める．より一般に非負整数 n に対し

$$D_s^n\, g\cdot f = \sum_{r=0}^{n}(-1)^n \begin{pmatrix} n \\ r \end{pmatrix}\frac{\partial^{n-r}g}{\partial s^{n-r}}\frac{\partial^r f}{\partial s^r}$$

と定めよう．D_s, D_t を**広田微分** (または広田の D-作用素) とよぶ．定義どおり計算すると

$$D_s^2\, g\cdot f = g''f - 2g'f' + gf'', \tag{10.3}$$
$$D_s^2\, f\cdot f = 2(f''f - f'f'), \tag{10.4}$$
$$D_s^3\, g\cdot f = g'''f - 3g''f' + 3g'f'' - gf'''. \tag{10.5}$$

が得られる．

広田微分の性質を理解するために次の命題を証明してみることを勧めておく．

命題 10.1.1 広田微分に対し次が成立する．

(1) $D_s^n\, f\cdot 1 = \partial_s^n f$,

(2) $D_s^n\, g\cdot f = (-1)^n D_s^n\, f\cdot g$,

(3) $D_s^{2n+1}\, f\cdot f = 0,\; D_s^{2n}\, f\cdot f = 2D_s^{2n-1}\, f'\cdot f$,

(4) $D_s D_t\, f\cdot f = 2D_s\, \dot{f}\cdot f = 2D_t\, f'\cdot f$,

(5) $D_s^n\, e^{\alpha_1 s}\cdot e^{\alpha_2 s} = (\alpha_1 - \alpha_2)e^{(\alpha_1+\alpha_2)s}$.

広田微分を用いて q''' を書き換えてみよう．(10.1) に (10.2) と (10.5) を代入すると

$$q''' = \frac{1}{f^2}(D_s^3\, g\cdot f) + \frac{4}{f^2}(g''f' - g'f'') - \frac{4f'}{f^3}(g''f - gf'')$$
$$+ \frac{2}{f^4}\{3(f')^2 - f''f\}(D_s\, g\cdot f).$$

ここで

$$\frac{4}{f^2}(g''f' - g'f'') - \frac{4f'}{f^3}(g''f - gf'') = -\frac{4f''}{f^3}(D_s g\cdot f)$$

と計算されるので

$$q''' = \frac{1}{f^2}(D_s^3\, g\cdot f) + \frac{2}{f^4}\{3(f')^2 - 3ff''\}(D_s\, g\cdot f)$$
$$= \frac{1}{f^2}(D_s^3\, g\cdot f) - \frac{3}{f^4}(D_s^2\, f\cdot f)(D_s\, g\cdot f)$$

となる.ここで (10.4) を使った.

$$q_t = \frac{1}{f^2}(D_t\, g\cdot f), \quad q^2 q_s = \frac{g^2}{f^4}(D_s\, g\cdot f)$$

であるから,q に関する mKdV 方程式 $q_t + 6q^2 q_s + q_{sss} = 0$ は

$$(D_t + D_s^3)(g\cdot f) - \frac{3}{f^2}(D_s\, g\cdot f)(D_s^2\, f\cdot f - 2g^2) = 0 \tag{10.6}$$

と書き直せる.とくに g, f が連立微分方程式

$$(D_t + D_s^3)(g\cdot f) = 0, \qquad D_s^2\, f\cdot f = 2g^2 \tag{10.7}$$

の解であれば $q = g/f$ は mKdV 方程式の解を与えることがわかる.(10.7) を mKdV 方程式の**広田表示**,mKdV 方程式の**双線型形式**とよぶ.

10.2 多重ソリトン解

ϵ を径数とする g と f の (摂動) 展開

$$g = g_1 \epsilon + g_3 \epsilon^3 + \cdots, \qquad f = 1 + f_2 \epsilon^2 + f_4 \epsilon^4 + \cdots$$

を考え,(10.7) に代入してみると

$$(D_t + D_s^3)\, g\cdot f$$
$$= (D_t + D_s^3)(\epsilon g_1 + \epsilon^3 g_3 + \cdots)\cdot(1 + \epsilon^2 f_2 + \epsilon^4 f_4 + \cdots)$$
$$= \epsilon(\partial_t + \partial_s^3)g_1 + \epsilon^3\{(D_t + D_s^3)\, g_1 \cdot f_2 + (\partial_t + \partial_s^3)g_3\} + \cdots$$

より無限個の方程式系

$$(\partial_t + \partial_s^3)g_1 = 0, \qquad (D_t + D_s^3)\, g_1 \cdot f_2 + (\partial_t + \partial_s^3)g_3 = 0, \qquad \cdots$$

を得る.同様に

$$D_s^2 f \cdot f = D_s^2 (1 + \epsilon^2 f_2 + \epsilon^4 f_4 + \cdots) \cdot (1 + \epsilon^2 f_2 + \epsilon^4 f_4 + \cdots)$$
$$= \epsilon(2\partial_s^2 f_2) + \epsilon^4 (D_s^2 f_2 \cdot f_2 + 2\partial_s^2 f_4) + \cdots$$

より

$$\partial_s^2 f_2 = g_1^2, \qquad D_s^2 f_2 \cdot f_2 + 2\partial_s^2 f_4 = 2g_1 g_3, \qquad \cdots$$

を得る. まず

$$g^{(1)} = g_1 \epsilon, \qquad f^{(1)} = 1 + f_2 \epsilon^2$$

の形の解を求めてみよう. まず $(\partial_t + \partial_s^3)g_1 = 0$ よりたとえば

$$g_1(s,t) = \exp(k_1 s - k_1^3 t + \gamma_1)$$

と選んでみよう ($k_1 \neq 0$, γ_1 は定数). $\partial_s^2 f_2 = g_1^2$ より

$$f_2(s,t) = \frac{1}{4k_1^2} \exp\{2(k_1 s - k_1^3 t + \gamma_1)\}$$

と選べる. 命題 10.1.1 を使えば $(D_t + D_s^3) g_1 \cdot f_2 = 0$ をみたすことが確かめられる. $g^{(1)}/f^{(1)}$ において $\epsilon = 1$ として得られる解

$$q_1(s,t) = \frac{g_1(s,t)}{1 + f_2(s,t)} = \frac{\exp(k_1 s - k_1^3 t + \gamma_1)}{1 + \frac{1}{4k_1^2}\exp\{2(k_1 s - k_1^3 t + \gamma_1)\}}$$

はソリトン解である. 実際, $k_1 = 2\lambda$, $\gamma_1 = \alpha_1 + \log(4\lambda)$ と選べば

$$q_1(s,t) = 2\lambda \operatorname{sech}(2\lambda s - 8\lambda^3 t + 2\alpha_1)$$

となり (9.21) に一致する.

続いて

$$g^{(2)} = g_1 \epsilon + g_3 \epsilon^3, \quad f^{(2)} = 1 + f_2 \epsilon^2 + f_4 \epsilon^4$$

の形をもつ解 $g^{(2)}$ と $f^{(2)}$ を求めよう.

$$\eta_j = k_j s - k_j^3 t + \gamma_j, \qquad j = 1, 2$$

とおく.

$$g_1 = e^{\eta_1}, \qquad f_2 = \frac{1}{4k_1^2} e^{2\eta_1}$$

を利用すると

10.2 多重ソリトン解

$$g_3 = e^{\eta_2} + \frac{1}{4k_2^2}\left(\frac{k_1-k_2}{k_1+k_2}\right)^2 e^{\eta_1+2\eta_2} + \frac{1}{4k_1^2}\left(\frac{k_1-k_2}{k_1+k_2}\right)^2 e^{2\eta_1+\eta_2},$$

$$f_4 = \frac{1}{4k_2^2}e^{2\eta_2} + \frac{2}{(k_1+k_2)^2}e^{\eta_1+\eta_2} + \frac{(k_1-k_2)^4}{16k_1^2k_2^2(k_1+k_2)^4}e^{2\eta_1+2\eta_2}$$

が求められる.$g^{(2)}/f^{(2)}$ において $\epsilon = 1$ として得られる解 $q_2 = (g_1+g_3)/(1+f_2+f_4)$ は 2 ソリトン解であることが確かめられる.

さてここで

$$\mathfrak{g} = \frac{1}{2k_1}e^{\eta_1} + \frac{1}{2k_2}e^{\eta_2}, \qquad \mathfrak{f} = 1 - \frac{(k_1-k_2)^2}{4k_1k_2(k_1+k_2)^2}e^{\eta_1+\eta_2}$$

とおくと

$$g_1 + g_3 = 2D_s\, \mathfrak{g}\cdot\mathfrak{f}, \qquad 1+f_2+f_4 = \mathfrak{g}^2 + \mathfrak{f}^2$$

と表せる.すると

$$q_2 = \frac{2D_s\,\mathfrak{g}\cdot\mathfrak{f}}{\mathfrak{g}^2+\mathfrak{f}^2} = \frac{2(\mathfrak{g}_s\mathfrak{f}-\mathfrak{g}\mathfrak{f}_s)}{\mathfrak{f}^2(1+(\mathfrak{g}/\mathfrak{f})^2)} = 2\frac{\partial}{\partial s}\tan^{-1}\frac{\mathfrak{g}}{\mathfrak{f}}$$

と書き直せることがわかる.ここまでの観察をもとに $q = g/f$ の代わりに

$$q = 2\frac{\partial}{\partial s}\tan^{-1}\frac{\mathfrak{g}}{\mathfrak{f}}$$

という変数変換を行って広田表示を求めることが考えられる.非線型重ね合わせの公式 (8.8) より多重ソリトン解は

$$q = 2\frac{\partial}{\partial s}\tan^{-1}(\star)$$

という形をしていることが予めわかっていることを注意しておく (8.2 節).

さらに $h = \mathfrak{f} + i\mathfrak{g}$ とおくと

$$q = 2\frac{\partial}{\partial s}\tan^{-1}\frac{\mathfrak{g}}{\mathfrak{f}} = i\frac{\partial}{\partial s}\log\frac{\bar{h}}{h}, \qquad \bar{h} = \mathfrak{f} - i\mathfrak{g}$$

と書き直せる.複素函数 h を用いると mKdV 方程式の広田表示は

$$(D_t + D_s^3)\,\bar{h}\cdot h = 0, \qquad D_s^2\,\bar{h}\cdot h = 0$$

と書き直せる.広田[37] では,この方程式を用いて多重ソリトン解を構成している.

$$h^{(n)} = 1 + h_1^{(n)}\epsilon + h_2^{(n)}\epsilon^2 + \cdots$$

と展開して広田方程式に代入して多重ソリトン解を求められる.

最初に記法の準備をしておく.

$$\exp B_{jl} = \left(\frac{k_j - k_l}{k_j + k_l}\right)^2, \qquad j,l = 1, 2, \cdots, n$$

とおく.

まずソリトン解は

$$h^{(1)} = a + \exp(\eta_1 + \pi i/2)$$

で与えられる.同様に 2-ソリトン解は

$$h^{(2)} = 1 + \exp(\eta_1 + \pi i/2) + \exp(\eta_2 + \pi i/2) + \exp(\eta_1 + \eta_2 + \pi i + B_{12})$$

で与えられる.

より一般に n-ソリトン解は

$$h^{(n)} = \sum_{\underline{\mu}=0,1} \exp\left(\sum_{j=1}^{n} \mu_j\left(\eta_j + \frac{\pi}{2}i\right) + \sum_{1\leq j<l} \mu_j \mu_l B_{jl}\right)$$

で与えられる ([36],[37]).ここで $\sum_{\underline{\mu}=0,1}$ は各 $\mu_j = 0, 1$ $(j = 1, 2, \cdots, n)$ のすべての組み合わせにわたってとるものとする ($h^{(1)}$, $h^{(2)}$ の表示式と見比べるとよい).

注意 10.2.1 (代数的ソリトン) 代数的ソリトン解は広田の方法で求めることもできる.[4, pp. 170–172] を参照.

広田の方法に熟達するためにはまず広田[42] を読むことを勧める.

第11章

群で視る幾何学

平面図形を分類する際の規準は「互いに合同かどうか」であるが，目的によっては「合同」以外の規準を用いることがある．たとえば形だけに着目するなら「相似」でよいし，面積に着目するなら「等積」がよい．「相似」や「等積」で図形を分類する立場で曲線を考えるとどういうことがわかるだろうか．この章では「相似」や「等積」という図形間の関係を群を用いて見直す．

11.1 群作用

ユークリッド幾何を群論的な観点で捉えなおすことから始める (距離函数と合同変換群については 3.1 節を参照のこと)．$\mathbb{R}^2$ には自然な距離函数 d が定められていた．距離函数 d を用いて合同変換群 $\mathrm{E}(2)$ が定義された．ここで $\rho : \mathrm{E}(2) \times \mathbb{R}^2 \to \mathbb{R}^2$ を

$$\rho(f, \boldsymbol{p}) = f(\boldsymbol{p}) = A\boldsymbol{p} + \boldsymbol{b}, \qquad f = (A, \boldsymbol{b}) \in \mathrm{E}(2), \qquad \boldsymbol{p} \in \mathbb{R}^2$$

で定めると

$$\rho(f_1 f_2, \boldsymbol{p}) = \rho(f_1, \rho(f_2, \boldsymbol{p})), \qquad \rho(\mathrm{I}, \boldsymbol{p}) = \boldsymbol{p}$$

をみたしている．

この性質をもとに次の定義をしよう．

定義 X を空でない集合，G を群，e を G の単位元とする．写像 $\rho : G \times X \to X$ が与えられ

$$\rho(g_1 g_2, x) = \rho(g_1, \rho(g_2, x)), \qquad \rho(e, x) = x$$

が全ての $g_1, g_2 \in G$, $x \in X$ について成立するとき群 G は集合 X に**作用する**

という．ρ を G の X 上の**作用**とよぶ．

11.2 クライン幾何

$\mathrm{E}(2)$ の $\mathbb{R}^2$ 上の作用は次の性質をもつことは簡単に確かめられる．

定義 群作用 $\rho: G \times X \to X$ が次をみたすとき，**推移的作用**とよぶ．

> X の任意の 2 点 x, y に対し $\rho(g, x) = y$ となる $g \in G$ が存在する．

定義 組 (G, X, ρ) は集合 X，群 G と推移的群作用 ρ からなるものとする．G の作用 ρ で不変な X 内の図形の性質を調べる研究を「G を**変換群**とし X を**表現空間**とする**クライン幾何**」とよぶ．

この抽象的な定義を使ってユークリッド幾何を改めて説明できる．

例 11.2.1 (ユークリッド幾何) $X = \mathbb{R}^2$, $G = \mathrm{E}(2)$ とする．合同変換としての作用 ρ を考えると，この作用は推移的である．$(\mathrm{E}(2), \mathbb{R}^2, \rho)$ の定めるクライン幾何を平面の**ユークリッド幾何**とよぶ．つまりユークリッド幾何とは**合同変換で変わらない図形の性質の追求**である．

クライン幾何の例をいくつか挙げておく．クライン幾何については，拙著[53]に初心者向けの説明がある．

定義 変換 $f: \mathbb{R}^2 \to \mathbb{R}^2$ が次の条件をみたすとき，$\mathbb{R}^2$ の**相似変換**という．
ある正の定数 c が存在して，任意の 2 点 P, Q に対し

$$\mathrm{d}(f(\mathrm{P}), f(\mathrm{Q})) = c\,\mathrm{d}(\mathrm{P}, \mathrm{Q})$$

が成立する．

相似変換全体を $\mathrm{Sim}(2)$ で表す．3.1 節において，合同変換群 $\mathrm{E}(2)$ が

$$\mathrm{E}(2) = \{f = (A, \boldsymbol{b}) \mid A \in \mathrm{O}(2),\ \boldsymbol{b} \in \mathbb{R}^2\}$$

と表せることを証明した．同様の議論で次の定理が得られる．

定理 11.2.2 相似変換群は次で与えられる.
$$\mathrm{Sim}(2) = \{f = (A, \boldsymbol{b}) \mid A \in \mathrm{CO}(2),\ \boldsymbol{b} \in \mathbb{R}^2\},$$
$$\mathrm{CO}(2) = \{A \in \mathrm{M}_2\mathbb{R} \mid {}^t\!AA = cE\ \}.$$

合同変換群 $\mathrm{E}(2)$ と同様に $\mathrm{Sim}(2)$ も群をなす. この群を $\mathbb{R}^2$ の**相似変換群**という. 各 $A \in \mathrm{CO}(2)$ に対し ${}^t\!AA = cE$ となる $c > 0$ が定まる (c は A に依存していることに注意). $c = 1$ ならば $A \in \mathrm{O}(2)$ である.

問 11.2.3 $\mathrm{CO}(2) = \{rA \mid r > 0,\ A \in \mathrm{O}(2)\}$ と表せることを示せ. したがって問 3.1.7 と注意 3.1.8 から
$$\mathrm{CO}(2) = \left\{ \begin{pmatrix} a & b \\ -b & a \end{pmatrix},\ \begin{pmatrix} a & b \\ b & -a \end{pmatrix} \,\middle|\, a, b \in \mathbb{R} \right\} \tag{11.1}$$
と表示できることがわかる.
$$\mathrm{CO}^+(2) = \{A \in \mathrm{CO}(2) \mid \det A > 0\}$$
とおくと, これは $\mathrm{CO}(2)$ の部分群である. 問 11.2.3 より
$$\mathrm{CO}^+(2) = \left\{ \begin{pmatrix} a & b \\ -b & a \end{pmatrix} \,\middle|\, a, b \in \mathbb{R} \right\}$$
と表示される.

相似変換群は $\mathrm{E}(2)$ と同様に
$$\rho : \mathrm{Sim}(2) \times \mathbb{R}^2 \longrightarrow \mathbb{R}^2; \quad \rho((A, \boldsymbol{b}), \boldsymbol{x}) = A\boldsymbol{x} + \boldsymbol{b}$$
で $\mathbb{R}^2$ に推移的に作用する.

例 11.2.4 (相似幾何) $(\mathrm{Sim}(2), \mathbb{R}^2, \rho)$ で定まるクライン幾何を**相似幾何**という.

ゼロでない 2 本のベクトル $\boldsymbol{p}, \boldsymbol{q}$ に対し $\boldsymbol{p}, \boldsymbol{q}$ のなす角 $\angle(\boldsymbol{p}, \boldsymbol{q})$ は
$$\cos \angle(\boldsymbol{p}, \boldsymbol{q}) = \frac{\boldsymbol{p} \cdot \boldsymbol{q}}{|\boldsymbol{p}||\boldsymbol{q}|}$$
で与えられるから, $f \in \mathrm{Sim}(2)$ に対し
$$\angle(f(\boldsymbol{p}), f(\boldsymbol{q})) = \angle(\boldsymbol{p}, \boldsymbol{q})$$
であることがわかる. したがって, 角は相似幾何における不変概念である. 相似幾何においては点・直線・角は不変だが距離や平面図形の面積は不変ではない.

注意 11.2.5 (有向角) $p \neq 0$ と $q \neq 0$ に対し向き (測る方向) を考慮した角のことを p と q のなす**有向角**という．反時計周りを正として p から q へ測った有向角を (この本では) $\measuredangle(p, q)$ で表す．定義より $\measuredangle(q, p) = -\measuredangle(p, q)$ である．

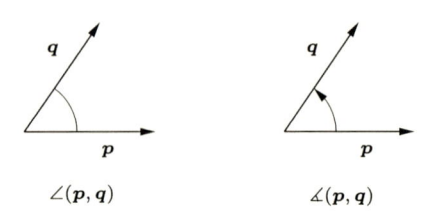

図 11.1 角と有向角

平面図形の面積を不変概念にもつ幾何学を考えよう．まず，実数を成分にもつ 2 次正則行列 (可逆行列) の全体を $\mathrm{GL}_2\mathbb{R}$ で表そう．$\mathrm{GL}_2\mathbb{R}$ は

$$\mathrm{GL}_2\mathbb{R} = \{A \in \mathrm{M}_2\mathbb{R} \mid \det A \neq 0\}$$

と表示できる．$\mathrm{GL}_2\mathbb{R}$ は行列の乗法に関して群をなす．この群を 2 次の**実一般線型群**とよぶ．さらに

$$\mathrm{SL}_2^{\pm}\mathbb{R} = \{A \in \mathrm{GL}_2\mathbb{R} \mid \det A = \pm 1\},$$
$$\mathrm{SL}_2\mathbb{R} = \{A \in \mathrm{GL}_2\mathbb{R} \mid \det A = 1\}$$

とおこう．$\mathrm{SL}_2^{\pm}\mathbb{R}$ は $\mathrm{GL}_2\mathbb{R}$ の部分群である．また $\mathrm{SL}_2\mathbb{R}$ は $\mathrm{SL}_2^{\pm}\mathbb{R}$ の部分群である．$\mathrm{SL}_2\mathbb{R}$ を 2 次の**実特殊線型群**とよぶ．合同変換群・相似変換群をまねて

$$\mathrm{SA}^{\pm}(2) = \{(A, \boldsymbol{b}) \mid A \in \mathrm{SL}_2^{\pm}\mathbb{R}, \, \boldsymbol{b} \in \mathbb{R}^2\},$$
$$\mathrm{SA}(2) = \{(A, \boldsymbol{b}) \in \mathrm{SA}^{\pm}(2) \mid \det A = 1\}$$

とおこう．すると $\mathrm{SA}^{\pm}(2), \mathrm{SA}(2)$ も群をなし，$\mathrm{E}(2), \mathrm{Sim}(2)$ と同じやりかたで $\mathbb{R}^2$ に推移的に作用する．$\mathrm{SA}^{\pm}(2)$ を**等積変換群**，$\mathrm{SA}^{\pm}(2)$ の要素を**等積変換**とよぶ．また $\mathrm{SA}(2)$ を**等積運動群**，$\mathrm{SA}(2)$ の要素を**等積運動**とよぶ．

例 11.2.6 (等積幾何) $(\mathrm{SA}^{\pm}(2), \mathbb{R}^2, \rho)$ の定めるクライン幾何を**等積幾何**とよぶ．相似幾何で角は不変だが平面図形の面積は不変でなかった．一方，等積幾何では**平面図形の面積が不変**であるが角は不変ではない．

より一般に
$$A(2) = \{(A, \boldsymbol{b}) \mid A \in GL_2\mathbb{R},\ \boldsymbol{b} \in \mathbb{R}^2\},$$
$$A^+(2) = \{(A, \boldsymbol{b}) \in A(2) \mid \det A > 0\}$$

を考える．これらも $\mathbb{R}^2$ に推移的に作用する群である．$A(2)$ を**アフィン変換群**とよぶ．$A^+(2)$ は**正のアフィン変換群**とか**アフィン運動群**とよばれる．

例 11.2.7 (アフィン幾何) $(A(2), \mathbb{R}^2, \rho)$ の定めるクライン幾何を**アフィン幾何**とよぶ．アフィン幾何では点，直線は不変だが距離・角度・平面図形の面積は不変ではない．

例 11.2.8 (アフィン幾何学的定理の例) ユークリッド平面を考える．「三角形の内心は角の二等分線の交点である」．この定理はユークリッド幾何では意味をもつがアフィン幾何では意味をもたない．このような定理は**ユークリッド的**であるといわれる．一方，「三角形の重心は中線の交点である」はアフィン変換で不変である．この定理は**アフィン的**であるといわれる．

定義 (G, X, ρ) で定まるクライン幾何を考える．X の部分集合全体からなる集合を $\mathcal{X}$ とする．$\mathcal{A}, \mathcal{B} \in \mathcal{X}$ に対し
$$\mathcal{A} \cong_G \mathcal{B} \iff \rho(g, \mathcal{A}) = \mathcal{B} となる g \in G が存在する$$
と定める．ここで
$$\rho(g, \mathcal{A}) = \{\rho(g, a) \mid a \in \mathcal{A}\}$$
とおいた．このとき $\cong_G$ は $\mathcal{X}$ 上の同値関係である．$\mathcal{A} \cong_G \mathcal{B}$ のとき $\mathcal{A}$ と $\mathcal{B}$ は **G-合同**とよぶ．前後の文脈から G が明らかなときや，G を固定しているときは単に $\cong$ と略記することも多い．

相似幾何においては $\mathcal{A} \cong_{\text{Sim}(2)} \mathcal{B}$ であるとき，$\mathcal{A}$ と $\mathcal{B}$ は**互いに相似**であるという．$\mathcal{A} \cong_{\text{Sim}(2)} \mathcal{B}$ を $\mathcal{A} \backsim \mathcal{B}$ で表す．$\mathcal{A} \backsim \mathcal{B}$ であるとき $\mathcal{A}$ と $\mathcal{B}$ は**同じ形をしている**と言い表す．

等積幾何では $\mathcal{A} \cong_{\text{SA}^\pm(2)} \mathcal{B}$ であるとき，$\mathcal{A}$ と $\mathcal{B}$ は**互いに等積合同**であるという．

例 11.2.9 (正多角形)　ユークリッド幾何において，すべての正方形は互いに相似である．この事実は「相似幾何において正方形はただ一種類しかない」と言い表せる．より一般に正 n 角形 $(n \geq 3)$ は相似幾何においてただ一種類しかない形である．

問 11.2.10 (放物線)　平面内の放物線はすべて互いに相似であることを示せ．

クライン幾何については，この本で必要最小限の事項を引用するに止めたので，より詳しいことを知りたい読者は拙著[53] を参照されたい．

クライン (Felix Christian Klein, 1849–1925)　エルランゲン大学教授就任論文において,「幾何学とは群作用で不変な性質を研究することである」という考えを発表した．その論文は今日「エルランゲンプログラム」とよばれている．クライン幾何のほか，クライン群にも名を残している．妻は哲学者ヘーゲルの孫娘．

第12章

等 積 幾 何

　等積幾何で曲線を考えてみよう．2つの曲線が等積合同かどうか判定するにはどうしたらよいだろうか．また曲線を時間発展させると，どんな偏微分方程式が導かれるのだろうか．

12.1　等積フレネの公式

　弧長径数は等積運動群 SA(2) で不変ではないので，SA(2) で不変な径数を定めることから始めよう．

　ユークリッド幾何においては弧長径数 s で曲線を

$$\boldsymbol{p}(s) = (x(s), y(s)) : I \subset \mathbb{R} \to \mathbb{R}^2$$

と径数表示し，フレネ標構 $F(s)$ を

$$F(s) = (\boldsymbol{T}(s), \boldsymbol{N}(s)) : I \to \mathrm{SO}(2), \quad \boldsymbol{T}(s) = \frac{\mathrm{d}}{\mathrm{d}s}\boldsymbol{p}(s), \quad \boldsymbol{N}(s) = J\boldsymbol{T}(s)$$

で定めた．これを参考にして，等積幾何におけるフレネ標構を定義しよう．ユークリッド幾何における回転群 SO(2) の代わりに実特殊線型群 $\mathrm{SL}_2\mathbb{R}$ を用いて

$$F^{\mathrm{SA}}(s) : I \longrightarrow \mathrm{SL}_2\mathbb{R}$$

となる行列値函数を曲線に付随させればよいだろう．

　まず径数付曲線 $\boldsymbol{p}(u) = (x(u), y(u))$ を1つ与える．$\boldsymbol{p}(u)$ の接ベクトル場を

$$\boldsymbol{a}_1(u) = \frac{\mathrm{d}\boldsymbol{p}}{\mathrm{d}u}(u)$$

と書く．曲線に沿うベクトル場 $\boldsymbol{a}_2(u)$ で

$$\det(\boldsymbol{a}_1(u), \boldsymbol{a}_2(u)) = 1$$

となるものを探してみる．そこで
$$\det\left(\frac{\mathrm{d}\boldsymbol{p}}{\mathrm{d}s}(s),\frac{\mathrm{d}^2\boldsymbol{p}}{\mathrm{d}s^2}(s)\right) = 1$$
となるように径数変換 $u \mapsto s$ ができるための条件を求める．
$$\det\left(\frac{\mathrm{d}\boldsymbol{p}}{\mathrm{d}s}(s),\frac{\mathrm{d}^2\boldsymbol{p}}{\mathrm{d}s^2}(s)\right) = \left(\frac{\mathrm{d}u}{\mathrm{d}s}(s)\right)^3 \det\left(\frac{\mathrm{d}\boldsymbol{p}}{\mathrm{d}u}(u),\frac{\mathrm{d}^2\boldsymbol{p}}{\mathrm{d}u^2}(u)\right) = 1$$
であるから，結局
$$\det\left(\frac{\mathrm{d}\boldsymbol{p}}{\mathrm{d}u}(u),\frac{\mathrm{d}^2\boldsymbol{p}}{\mathrm{d}u^2}(u)\right) \ne 0$$
であれば，つまり**変曲点がなければ**
$$s(u) := \int \left\{ \det\left(\frac{\mathrm{d}\boldsymbol{p}}{\mathrm{d}u},\frac{\mathrm{d}^2\boldsymbol{p}}{\mathrm{d}u^2}\right) \right\}^{\frac{1}{3}} \mathrm{d}u \tag{12.1}$$
と定めればよいことがわかる．

定義 径数付曲線 $\boldsymbol{p}(u) = (x(u), y(u))$ が
$$\det\left(\frac{\mathrm{d}\boldsymbol{p}}{\mathrm{d}u}(u),\frac{\mathrm{d}^2\boldsymbol{p}}{\mathrm{d}u^2}(u)\right) \ne 0$$
をみたすとき，**非退化曲線**とよぶ．

直線は非退化ではないことに注意しよう．

非退化曲線に対し (12.1) で定まる径数 s を**等積アフィン径数**とよぶ．等積アフィン径数 s はアフィン変換 $s \mapsto as+b$ を除き一意的に定まる．

あらためて等積アフィン径数 s で径数表示された曲線 $\boldsymbol{p} = \boldsymbol{p}(s) = (x(s), y(s))$ を考える．
$$\boldsymbol{a}_1(s) = \frac{\mathrm{d}\boldsymbol{p}}{\mathrm{d}s}(s), \qquad \boldsymbol{a}_2(s) = \frac{\mathrm{d}^2\boldsymbol{p}}{\mathrm{d}s^2}(s)$$
とおき行列値函数 $F^{\mathrm{SA}}(s)$ を $F^{\mathrm{SA}}(s) = (\boldsymbol{a}_1(s), \boldsymbol{a}_2(s))$ と定めると
$$\frac{\mathrm{d}}{\mathrm{d}s} F^{\mathrm{SA}}(s) = F^{\mathrm{SA}}(s) \begin{pmatrix} 0 & -\kappa^{\mathrm{SA}}(s) \\ 1 & 0 \end{pmatrix} \tag{12.2}$$
という常微分方程式が得られる．ここで得られた函数 $\kappa^{\mathrm{SA}}(s)$ を**等積アフィン曲率**とよぶ．$F^{\mathrm{SA}}(s)$ を**等積フレネ標構**とよぶ (図 12.1)．(12.2) を**等積フレネの公式**とよぶ．

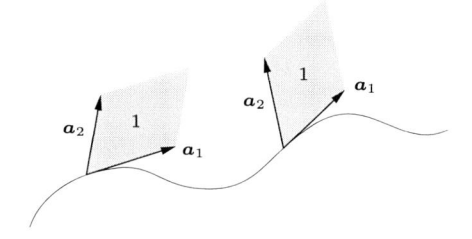

図 **12.1** 等積フレネ標構

次の補題を用意しておこう．

補題 12.1.1 区間 $I \subset \mathbb{R}$ で定義された行列値函数 $X(t) : I \to \mathrm{SL}_2\mathbb{R}$ に対し $X^{-1}\mathrm{d}X/\mathrm{d}t$ の固有和 (trace) は 0．

問 12.1.2 この補題を証明せよ．

注意 12.1.3 (専門的注意) 補題 12.1.1 は $\mathrm{SL}_2\mathbb{R}$ のリー環が

$$\{X \in \mathrm{M}_2\mathbb{R} \mid \mathrm{tr}\, X = 0\}$$

で与えられることを意味している．

定理 3.2.1 と同様に次の定理が成立する．

定理 12.1.4 (一意性定理) 同一の区間 I で定義された 2 つの非退化曲線 $\boldsymbol{p}_1$ と $\boldsymbol{p}_2$ に対し $\boldsymbol{p}_1$ と $\boldsymbol{p}_2$ が等積運動で重ねあわせられるための必要十分条件はそれぞれの等積アフィン曲率が一致すること $(\kappa_1^{\mathrm{SA}} = \kappa_2^{\mathrm{SA}})$ である．

問 12.1.5 定理 12.1.4 の証明を与えよ．

等積アフィン幾何で「曲がっていない」曲線 (曲率が零の曲線) は何か想像がつくだろうか？(まっすぐな曲線は直線であるが先に注意したように非退化ではないので除いてあることに注意)

$\boldsymbol{p}''' = -\kappa^{\mathrm{SA}}\boldsymbol{p}'$ で $\kappa^{\mathrm{SA}} = 0$ とおいて積分してみる．$\boldsymbol{p}''' = \boldsymbol{0}$ より

$$\boldsymbol{p}(s) = \frac{s^2}{2}\boldsymbol{b} + s\boldsymbol{a} + \boldsymbol{c}, \qquad \det(\boldsymbol{a}, \boldsymbol{b}) = 1, \qquad \boldsymbol{a}, \boldsymbol{b}, \boldsymbol{c} \text{は定ベクトル}$$

という形になる．ここで次のことに注意しよう．$f \in \mathrm{SA}(2)$ で $f(\boldsymbol{a}) = (1, 0)$, $f(\boldsymbol{b}) = (0, 1)$, $f(\boldsymbol{c}) = (0, 0)$ となるものが必ずとれる．この f で $\boldsymbol{p}(s)$ を移すと

$$f(\boldsymbol{p}(s)) = \left(s, \frac{s^2}{2}\right).$$

すなわち $f(\boldsymbol{p}(s))$ は放物線 $y = x^2/2$ (図 12.2). したがって $\boldsymbol{p}(s)$ は放物線 $y = x^2/2$ と等積合同.

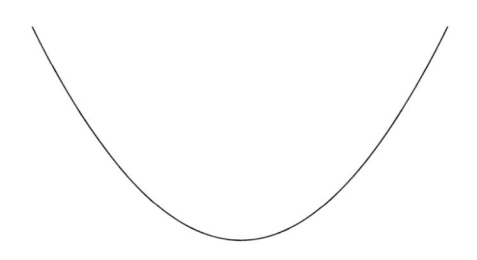

図 **12.2** 等積アフィン曲率 0 の曲線

等積微分幾何　　等積幾何における曲線と曲面の微分幾何は等積微分幾何 (equiaffine differential geometry) とよばれる. 1908 年にルーマニアの微分幾何学者ツィツェイカ (Gheorghe Ţiţeica, George Tzitzéica とも綴る, 1873–1939) が今日アフィン球面とよばれる曲面に関する論文を発表した. この論文を機に等積微分幾何の研究が始まったといわれる. その後, 20 世紀の初頭にブラシュケ (Wilhelm Blaschke, 1885–1962) とその学派は等積微分幾何の研究を進めた. ブラシュケ流の等積微分幾何は東北帝国大学の窪田忠彦 (1885–1952), 留学生であった蘇歩青 (Su Buching, 1902–2003) により受け継がれた. 東北大学理学部川井ホールに窪田忠彦の肖像画が飾られている. 高次元の等積微分幾何については, アフィン超曲面に関する研究がカラビ (E. Calabi), チェン (S. Y. Cheng), ヤウ (S. T. Yau), ギガンテ (S. Gigante), 佐々木武によって 1980 年代までに行われた. 1982 年に野水克己 (1924–2008) はドイツ, ミュンスターで "What is affine differential geometry ?" と題する講演を行い等積微分幾何の現代的アプローチを導入した. この講演を機に, 現代的な等積微分幾何の研究が始まった. 等積微分幾何について学びたい読者には野水と佐々木の教科書[94] を勧めておく.

12.2　線型常微分方程式

等積幾何において, 系 3.2.3 と同様の, 平面曲線の表現公式を作ってみよう. その準備のため, 変数係数の 2 階線型常微分方程式について基礎的なことをまとめておく (詳細や証明については微分方程式の教科書, たとえば矢嶋[139] などを参照のこと).

2 階線型常微分方程式

$$z''(s) + p(s)z'(s) + q(s)z(s) = 0 \tag{12.3}$$

において変数変換を施すことで $z''(s) + q(s)z(s) = 0$ の形 (**標準形**) に直せることを証明しておく．

命題 12.2.1 (12.3) において

$$z(s) = w(s)a(s), \qquad a(s) = \exp\left(-\frac{1}{2}\int p(s)\,\mathrm{d}s\right)$$

とおくと (12.3) は

$$w''(s) + Q(s)w(s) = 0, \qquad Q(s) = q(s) - \frac{1}{4}p^2(s) - \frac{1}{2}p'(s)$$

と書き直せる．

証明 $z(s) = a(s)w(s)$ とおき (12.3) に代入すると

$$aw'' + (2a' + pa)w' + (a'' + pa' + qa)w = 0$$

を得る．ここで $a(s) = \exp\left(-\frac{1}{2}\int p(s)\,\mathrm{d}s\right)$ より求める結果を得る．∎

(12.3) の左辺が z'', z', z の一次式であることから，次の基本性質が得られる．

命題 12.2.2 z_1, z_2 が (12.3) の解ならば，任意の実数 α, β に対し $\alpha z_1 + \beta z_2$ も (12.3) の解である．

定義 (基本解) (12.3) の 2 つの解 $f(s)$ と $g(s)$ が **線型独立**，すなわち次の条件をみたすとき (12.3) の **基本解** (解の基本系) であるという：

$$\alpha f(s) + \beta g(s) = 0$$

をすべての s に対しみたすならば $\alpha = \beta = 0$．

(12.3) の 2 つの解が線型独立か否かを判定するために次の概念を用意する．

定義 区間 $I \subset \mathbb{R}$ で定義された微分可能な函数 f と g に対し函数 $W(f,g)\colon I \to \mathbb{R}$ を

$$W(f,g) = \det\begin{pmatrix} f & f' \\ g & g' \end{pmatrix} = fg' - f'g \tag{12.4}$$

で定め f と g の**ロンスキー行列式** (ロンスキアン) とよぶ.

命題 12.2.3 区間 I で定義された微分可能な函数 f, g に対し $W(f,g) \neq 0$ ならば f と g は線型独立である.

とくに (12.3) が標準形の場合は次を得る.

命題 12.2.4 $z''(s) + u(s)z(s) = 0$ の解 $f(s), g(s)$ に対し $W(f,g)$ は定数である.

証明 f, g が解であることを使うと
$$\frac{d}{ds}W(f,g) = (fg')' - (f'g)' = fg'' - f''g = f(ug) - (uf)g = 0. \blacksquare$$

例 12.2.5 (定数係数) (12.3) の係数 p と q が定数である場合を考察する. 2次方程式 $t^2 + pt + q = 0$ を $z'' + pz' + qz = 0$ の**特性方程式**とよぶ. $z'' + pz' + qz = 0$ の基本解は特性方程式の解を用いて次のように与えられる.

(1) 特性方程式が相異なる実数解 λ, μ をもつとき
$$f(s) = e^{\lambda s}, \qquad g(s) = e^{\mu s}.$$

(2) 実の重解 λ をもつとき
$$f(s) = e^{\lambda s}, \qquad g(s) = se^{\lambda s}.$$

(3) 虚数解 $\alpha \pm \beta i$ をもつとき
$$f(s) = e^{\alpha s}\cos(\beta s), \qquad g(s) = e^{\alpha s}\sin(\beta s).$$

問 12.2.6 (12.3) において $p(s) = 0, q(s) = u$ (定数) の場合は基本解が次のように与えられることを確かめよ.

(1) $u < 0$ のとき
$$f(s) = \cosh(\sqrt{-u}s), \qquad g(s) = \sinh(\sqrt{-u}s).$$

(2) $u = 0$ のとき
$$f(s) = 1, \qquad g(s) = s.$$

(3) $u > 0$ のとき
$$f(s) = \cos(\sqrt{u}s), \qquad g(s) = \sin(\sqrt{u}s).$$

例 12.2.7 (オイラーの微分方程式) p, q を定数とする．
$$s^2 z''(s) + psz'(s) + qz(s) = 0 \tag{12.5}$$
を (斉次) **オイラーの微分方程式**とよぶ．$s = e^t$ とおくと (12.5) は定数係数の線型常微分方程式
$$\frac{\mathrm{d}^2 z}{\mathrm{d}t^2} + (p-1)\frac{\mathrm{d}z}{\mathrm{d}t} + qz = 0$$
に書き換えられる．この方程式に対する特性方程式 $r^2 + (p-1)r + q = 0$ の解を用いて (12.5) の基本解は次で与えられる．

- 特性方程式が相異なる実数解 λ と μ をもつとき s^λ と s^μ．
- 実の重解 λ をもつとき s^λ と $s^\lambda \log s$．
- 虚数解 $\alpha \pm \beta i$ をもつとき $s^\alpha \cos(\beta \log s)$ と $s^\alpha \sin(\beta \log s)$．

12.3 表現公式

等積アフィン径数 s で径数表示された曲線 $\boldsymbol{p}(s)$ のフレネ標構を $F(s) = (\boldsymbol{a}_1(s), \boldsymbol{a}_2(s))$ とする．また記号の簡略化のため $u(s) = \kappa^{\mathrm{SA}}(s)$ とおく．$\boldsymbol{a}_1(s) = (f(s), g(s))$ と表示すると等積フレネの公式より
$$f''(s) + u(s)f(s) = 0, \qquad g''(s) + u(s)g(s) = 0$$
であり，
$$1 = \det F(s) = f(s)g'(s) - f'(s)g(s) = W(f, g)$$
を得る．したがって，与えられた函数 $u(s)$ に対し等積フレネの公式を解くことは線型常微分方程式
$$z''(s) + u(s)z(s) = 0$$
の基本解 $f(s), g(s)$ で $W(f, g) = 1$ をみたすものを求めることである．線型常微分方程式の基本解は等積アフィン曲線を定めていると言ってもよい．この事実は変数係数の 2 階線型常微分方程式の性質を等積幾何学を用いて研究できる

ことを意味する．

定理 12.3.1 (等積幾何における平面曲線の表現公式) 区間 $I \subset \mathbb{R}$ で定義された関数 $u(s)$ に対し，線型常微分方程式 $z''(s) + u(s)z(s) = 0$ の基本解 $\{f(s), g(s)\}$ で $W(f, g) = 1$ をみたすものを用いて

$$\boldsymbol{p}(s) = \int_{s_0}^{s} (f(s), g(s)) \, \mathrm{d}s + \boldsymbol{p}_0$$

と定めれば，$\boldsymbol{p}(s)$ は s を等積アフィン径数，$u(s)$ を等積アフィン曲率にもち初期条件 $\boldsymbol{p}(s_0) = \boldsymbol{p}_0$ をみたす曲線である．

したがって定理 3.2.2 と同様に次を得た．

定理 12.3.2 (等積幾何における平面曲線論の基本定理) 区間 I 上の函数 $u(s)$ に対し s を等積アフィン径数，$u(s)$ を等積アフィン曲率にもつ径数付曲線 $\boldsymbol{p}(u) : I \to \mathbb{R}^2$ が存在する．そのような径数付曲線は等積運動で重なるものを除き一意的である．

例 12.3.3 (2 次曲線) 問 12.2.6 を活用して等積アフィン曲率 $u(s)$ が定数である曲線を求める．

$u = 0$ のとき $z'' = 0$ の基本解として

$$f(s) = 1, \qquad g(s) = s$$

がとれる．明らかに $W(f, g) = 1$．

$$\boldsymbol{p}(s) = \int_{0}^{s} (1, s) \, \mathrm{d}s = \left(s, \frac{s^2}{2}\right)$$

より，この曲線は放物線 $y = x^2/2$．

$u > 0$ のとき，$z''(s) + uz(s) = 0$ の基本解は $\cos(\sqrt{u}s)$ と $\sin(\sqrt{u}s)$ であるから $f(s) = \cos(\sqrt{u}s)/\sqrt{u}$, $g(s) = \sin(\sqrt{u}s)$ と選べば $W(f, g) = 1$．

$$\boldsymbol{p}(s) = \int_{0}^{s} (f(s), g(s)) \, \mathrm{d}s = \left(\frac{1}{u}\sin(\sqrt{u}s), \ -\frac{1}{\sqrt{u}}(\cos(\sqrt{u}s) - 1)\right)$$

より，この曲線は楕円 $u^2 x^2 + uy^2 = 1$ に等積合同 (図 12.3)．

次に $u < 0$ の場合を調べる．この場合は基本解として

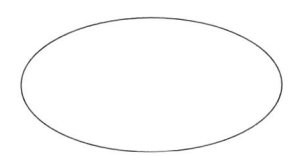

図 **12.3** 等積アフィン曲率が正で一定の曲線

$$f(s) = \frac{1}{\sqrt{-u}}\cosh(\sqrt{-u}s), \qquad g(s) = \sinh(\sqrt{-u}s)$$

を選べば $W(f,g) = 1$ である．

$$\boldsymbol{p}(s) = \int_0^s (f(s), g(s))\,\mathrm{d}s = \left(-\frac{1}{u}\sinh(\sqrt{-u}s),\ \frac{1}{\sqrt{-u}}(\cosh(\sqrt{-u}s)-1)\right)$$

より，この曲線は双曲線 $u^2x^2 + uy^2 = -1$ に等積合同 (図 12.4)．

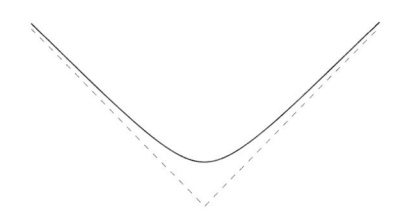

図 **12.4** 等積アフィン曲率が負で一定の曲線

例 12.3.4 (オイラーの微分方程式) c を 0 でない定数とし $u(s) = c/s^2$ を等積アフィン曲率にもつ曲線を求める．$z''(s) + cs^{-2}z(s) = 0$ はオイラーの微分方程式の例であることに注意しよう．例 12.2.7 を利用して曲線をもとめよう．特性方程式が実数解をもつ条件は $c \leq 1/4$ である．

- $c = -2$ のとき．基本解として

$$f(s) = \frac{s^2}{3}, \qquad g(s) = -\frac{1}{s}$$

を選べば $W(f,g) = 1$ をみたす．したがって求める曲線は

$$\left(\frac{s^3}{9}, -\log|s|\right),$$

すなわち $9|x| = e^{-3y}$ に等積合同である (図 12.5)．

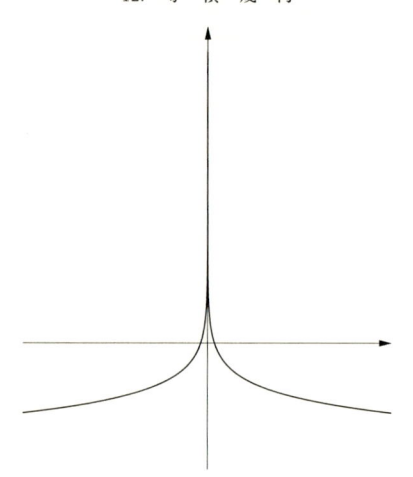

図 12.5 $c = -2$ の曲線

- $c = -6$ のとき．基本解として $f(s) = s^3/\sqrt{5}$, $g(s) = -s^{-2}/\sqrt{5}$ と選べばよい．求める曲線は $(s^4/(4\sqrt{5}), 1/(\sqrt{5}s))$，すなわち $100\sqrt{5}xy^4 = 1$ に等積合同 (図 12.6).
- $c = 1/4$ のとき．基本解として $f(s) = \sqrt{s}$, $g(s) = \sqrt{s}\log s$ を選ぶ．求める曲線は
$$\boldsymbol{p}(s) = \frac{2}{3}s^{\frac{3}{2}}\left(1, \log s - \frac{2}{3}\right)$$
に等積合同 (図 12.7).
- $c = 1$ のとき．基本解として
$$f(s) = \frac{\sqrt{2}}{3^{\frac{1}{4}}}\sqrt{s}\cos\left(\frac{\sqrt{3}}{2}\log s\right), \qquad g(s) = \frac{\sqrt{2}}{3^{\frac{1}{4}}}\sqrt{s}\sin\left(\frac{\sqrt{3}}{2}\log s\right)$$
を選べばよい．$s = e^t$ とおくと求める曲線は
$$x(s) = \int f(s)\,\mathrm{d}s = \frac{\sqrt{2}}{3^{\frac{1}{4}}}\int e^{\frac{3t}{2}}\cos\frac{\sqrt{3}}{2}t\,\mathrm{d}t$$
$$y(s) = \int g(s)\,\mathrm{d}s = \frac{\sqrt{2}}{3^{\frac{1}{4}}}\int e^{\frac{3t}{2}}\sin\frac{\sqrt{3}}{2}t\,\mathrm{d}t$$
と表せる．したがって求める曲線は対数螺旋

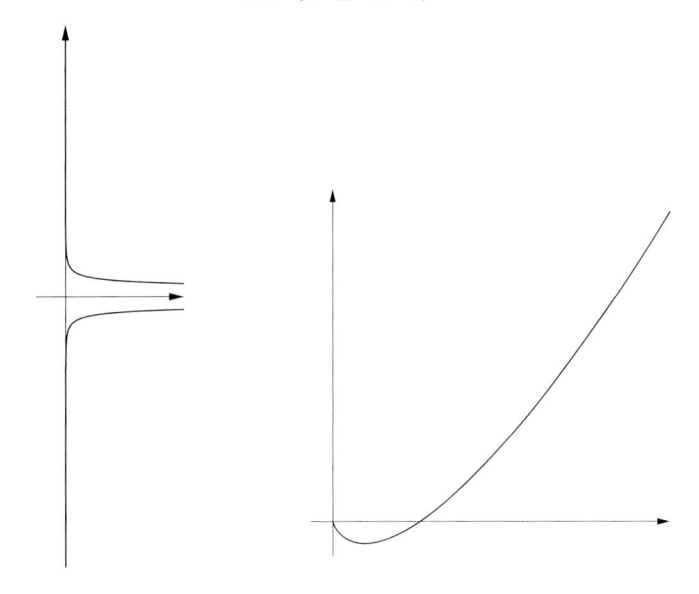

図 12.6 $c=-6$ の曲線　　**図 12.7** $c=1/4$ の曲線

$$\frac{2\sqrt{2}}{13\cdot 3^{\frac{1}{4}}}e^{\frac{3t}{2}}\begin{pmatrix}\cos\frac{\sqrt{3}}{2}t & -\sin\frac{\sqrt{3}}{2}t \\ \sin\frac{\sqrt{3}}{2}t & \cos\frac{\sqrt{3}}{2}t\end{pmatrix}\begin{pmatrix}3\\2\end{pmatrix}$$

に等積合同である．

問 12.3.5

$$\int e^{\frac{3t}{2}}\cos\frac{\sqrt{3}t}{2}\,\mathrm{d}t = \frac{2e^{\frac{3t}{2}}}{13}\left(3\cos\frac{\sqrt{3}t}{2}-2\sin\frac{\sqrt{3}t}{2}\right),$$
$$\int e^{\frac{3t}{2}}\sin\frac{\sqrt{3}t}{2}\,\mathrm{d}t = \frac{2e^{\frac{3t}{2}}}{13}\left(2\cos\frac{\sqrt{3}t}{2}+3\sin\frac{\sqrt{3}t}{2}\right)$$

を確かめよ．

例 12.3.6 (エアリーの微分方程式) $u(s)=-s$ を等積アフィン曲率にもつ曲線を考える．この条件はクロソイドの等積幾何における類似である．解くべき常微分方程式は $z''=sz(s)$ である．この常微分方程式は**エアリーの微分方程式**[*1)]とよばれている．基本解を求めるために $z(s)=\sum_{n=0}^{\infty}a_n s^n$ とテイラー級数展開できると仮定して微分方程式に代入してみる．すると

[*1)] Sir George Biddell Airy (1801–1892)

$$z''(s) = \sum_{n=2}^{\infty} n(n-1)a_n s^{n-2}, \qquad sz(s) = \sum_{n=0}^{\infty} a_n s^{n+1}$$

より

$$0 = z'' - sz = 2a_2 + (-a_0 + 2 \cdot 3a_3)s + (-a_1 + 3 \cdot 4a_4)s^2 + \cdots$$

であるから

$$\begin{aligned}
z &= a_0 \left(1 + \frac{1}{2 \cdot 3}s^3 + \frac{1}{2 \cdot 3 \cdot 5 \cdot 6}s^6 + \cdots \right) \\
&\quad + a_1 \left(s + \frac{1}{3 \cdot 4}s^4 + \frac{1}{3 \cdot 4 \cdot 6 \cdot 7}s^7 + \cdots \right) \\
&= a_0 \left(1 + \sum_{n=1}^{\infty} \frac{1}{2 \cdot 3 \cdot 5 \cdot 6 \cdots (3n-1)(3n)} s^{3n} \right) \\
&\quad + a_1 \left(s + \sum_{n=1}^{\infty} \frac{1}{3 \cdot 4 \cdot 6 \cdot 7 \cdots (3n)(3n+1)} s^{3n+1} \right)
\end{aligned}$$

と計算される．これらの収束半径は ∞ である．したがって

$$f(s) = 1 + \sum_{n=1}^{\infty} \frac{1}{2 \cdot 3 \cdot 5 \cdot 6 \cdots (3n-1)(3n)} s^{3n}, \qquad (12.6)$$

$$g(s) = s + \sum_{n=1}^{\infty} \frac{1}{3 \cdot 4 \cdot 6 \cdot 7 \cdots (3n)(3n+1)} s^{3n+1} \qquad (12.7)$$

は基本解で $W(f,g) = 1$ をみたす．初期条件 $\boldsymbol{p}(0) = \boldsymbol{0}$ をみたす曲線 $\boldsymbol{p}(s) = (x(s), y(s))$ は項別積分を行い

$$x(s) = \int_0^s f(s)\,\mathrm{d}s = s + \sum_{n=1}^{\infty} \frac{1}{2 \cdot 3 \cdot 5 \cdot 6 \cdots (3n-1)(3n)(3n+1)} s^{3n+1},$$

$$y(s) = \int_0^s g(s)\mathrm{d}s = \frac{s^2}{2} + \sum_{n=1}^{\infty} \frac{1}{3 \cdot 4 \cdot 6 \cdot 7 \cdots (3n)(3n+1)(3n+2)} s^{3n+2}$$

と求められる．この曲線を**等積クロソイド**とよぶ．

問 12.3.7 基本解 (12.6), (12.7) の収束半径が ∞ であることを確かめよ．

注意 12.3.8 (エアリー函数) エアリーの微分方程式の基本解として

$$\mathrm{Ai}(s) = \frac{1}{\pi}\int_0^\infty \cos\left(\frac{t^3}{3}+st\right)\mathrm{d}t,$$
$$\mathrm{Bi}(s) = \frac{1}{\pi}\int_0^\infty \exp\left(-\frac{t^3}{3}+st\right)+\sin\left(\frac{t^3}{3}+st\right)\mathrm{d}t$$

が用いられる. Ai, Bi を**エアリー函数**とよぶ. $W(\mathrm{Ai},\mathrm{Bi})=1/\pi$ である (図 12.8).

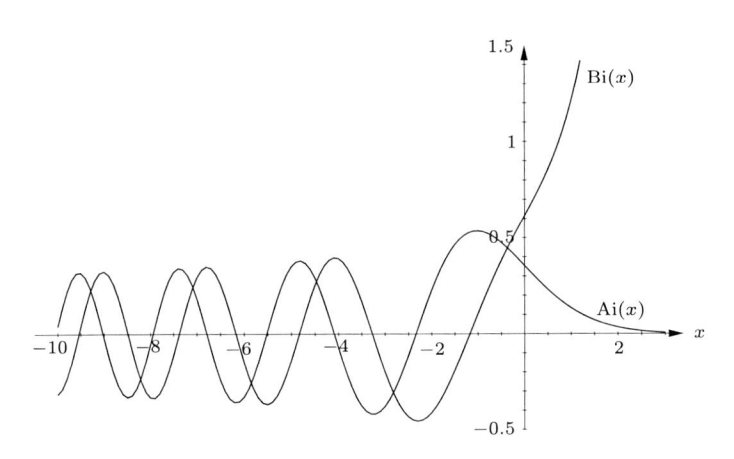

図 12.8 エアリー函数

エアリー函数を利用すると等積クロソイド $\boldsymbol{p}(s)$ を
$$\boldsymbol{p}(s)=\sqrt{\pi}\int_0^s (\mathrm{Ai}(s),\mathrm{Bi}(s))\,\mathrm{d}s$$
で与えることができる (図 12.9).

問 12.3.9 (研究課題)　対数螺旋 は「曲率の逆数 $1/\kappa$ が弧長径数の一次式」という性質で特徴づけられた (例 2.2.6). この条件の類似を等積幾何で考察する.

$$z_1(s) = \sum_{n=0}^\infty \frac{1}{n!(n+1)!}s^{n+1},$$
$$z_2(s) = z_1(s)\log|s| + 1 - \sum_{n=1}^\infty \left(\sum_{k=1}^n \frac{2k+1}{k(k+1)}\right)\frac{s^{n+1}}{n!(n+1)!}$$

が $z'' - s^{-1}z = 0$ の基本解を与えること ([98, p. 116] 参照) を利用して $u(s) = -1/s$ を等積アフィン曲率にもつ曲線を調べよ.

問 12.3.10 (研究課題)　$(s^2-1)z''-2z=0$ の基本解として

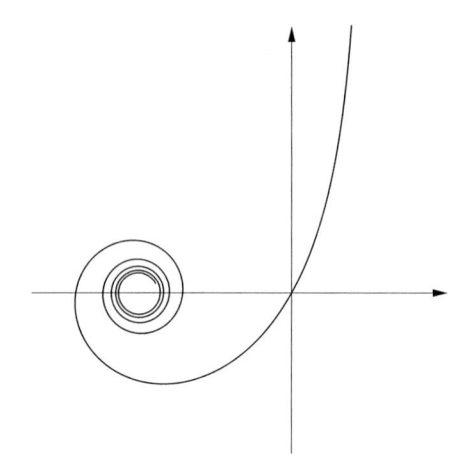

図 12.9 等積クロソイド

$$z_1(s) = 1 - s^2, \qquad z_2(s) = s + \frac{1-s^2}{2}\log\left|\frac{1+s}{1-s}\right|$$

がとれること ([139, p. 125] 参照) を用いて $u(s) = 2/(1-s^2)$ を等積アフィン曲率にもつ曲線を調べよ．

注意 12.3.11 (特殊函数) 線型常微分方程式 $z'' + u(s)z = 0$ は数理科学の多くの場面に登場する．ここでは詳細には立ち入らないでいくつかの例を紹介しておく．

例 12.3.12 (超幾何函数) 定数 a, b, c (ただし c は整数ではないとするとする) に対し．

$$s(1-s)z'' + \{c - (1+a+b)s\}z' - abz = 0$$

をガウスの**超幾何微分方程式**とよぶ．この方程式は $s = 0, 1, \infty$ に確定特異点をもつ．$s = 0$ のまわりでの級数解 (**超幾何級数**) として

$$F(a,b,c;s) = \sum_{n=0}^{\infty} \frac{(a)_n (b)_n}{n!(c)_n} s^n$$

が得られる (収束半径は 1)．この級数の係数は

$$(a)_n = a(a+1)\cdots(a+k-1), \qquad n = 1, 2, \cdots$$

で与えられる (**ポッホハンマー記号**とよばれる). ただし $(a)_0 = 1$ とする．第 1

種完全楕円積分 $K(k)$ と第 2 種完全楕円積分 $E(k)$ は超幾何級数を用いて

$$K(k) = \frac{\pi}{2} F\left(\frac{1}{2}, \frac{1}{2}, 1; k^2\right), \qquad E(k) = \frac{\pi}{2} F\left(-\frac{1}{2}, \frac{1}{2}, 1; k^2\right)$$

と表せる.

超幾何微分方程式の基本解として

$$z_1(s) = F(a, b, c; s), \qquad z_2(s) = s^{1-c} F(a-c+1, b-c+1, -c+2; s)$$

が用いられる. ここで

$$z(s) = s^{-c/2}(1-s)^{(c-a-b)/2} w(s)$$

と変数変換を行うと超幾何微分方程式は標準形

$$w''(s) + u(s)w(s) = 0, \qquad u(s) = \frac{q_0}{s^2} + \frac{q_1}{(s-1)^2} + \frac{q_2}{s(s-1)},$$

に直せる. 係数 q_0, q_1, q_2 は

$$q_0 = \frac{1}{4}\{1 - (1-c)^2\}, \qquad q_1 = \frac{1}{4}\{1 - (a+b-c)^2\},$$
$$q_2 = \frac{1}{4}\{(1-c)^2 + (a+b-c)^2 - (a-b)^2 - 1\}$$

で与えられる ([46, p. 105] 参照).

例 12.3.13 (合流型超幾何微分方程式) a を定数, c を整数でない定数とする.

$$sz'' + (c-s)z' - az = 0 \tag{12.8}$$

をクンマー (Kummer) の**合流型超幾何微分方程式**とよぶ. これは $s=0$ を確定特異点, ∞ を不確定特異点にもつ. $s=0$ のまわりの級数解として**合流型超幾何級数**

$${}_1F_1(a, c; s) = \sum_{n=0}^{\infty} \frac{(a)_n}{(c)_n n!} s^n$$

が得られる (収束半径は ∞). 基本解として

$$z_1(s) = {}_1F_1(a, c; s), \qquad z_2(s) = s^{1-c} {}_1F_1(a-c+1, -c+2; s)$$

が用いられる.

例 12.3.14 (ホイッタッカー函数) (12.8) において
$$z(s) = e^{s/2} s^{-c/2} V(s)$$
とおく．このとき (12.8) は V に関する常微分方程式
$$V''(s) + \left(-\frac{1}{4} + \frac{k}{2} + \frac{1/4 - m^2}{s^2} \right) V(s) = 0, \qquad k = \frac{c}{2} - a, \qquad m = \frac{c}{2} - \frac{1}{2}$$
に書き換えられる．これを**ホイッタッカーの微分方程式**とよぶ．$2m$ が整数でないとき，ホイッタッカーの微分方程式の解を次のように与えられる．
$$M_{k,m}(s) = s^{m+1/2} e^{-s/2} {}_1F_1 \left(m - k + \frac{1}{2}, 2m + 1; s \right),$$
$$W_{k,m}(s) = \frac{\Gamma(-2m)}{\Gamma(-k - m + 1/2)} M_{k,m}(s) + \frac{\Gamma(2m)}{\Gamma(m - k + 1/2)} M_{k,-m}(s)$$
ただし $\Gamma(x)$ は**ガンマ函数**
$$\Gamma(x) = \int_0^\infty t^{x-1} e^{-t} \, dt$$
を表す．

例 12.3.15 (ヒル方程式) 周期 L の周期函数 $q(s)$ に対し $z''(s) + (\lambda - q(s))z(s) = 0$ をヒル方程式とよぶ．とくに $q(s) = k \cos(2t)$ のとき (k は定数) はマシュー方程式とよばれている．ヒル方程式の基本解 $f(s), g(s)$ を $W(f, g) = 1$ と選び，$\Delta(\lambda) = f(L) + g'(L)$ と定め，ヒル方程式の**判別式**とよぶ．ヒル方程式の解の性質を判別式を用いて調べることができる．ホックシュタット[46, 9章]，田中・伊達[117, 第 2 章] を参照されたい．

例 12.3.16 (エルミート多項式) 定数 ν に対し
$$z''(s) - 2sz'(s) + 2\nu z(s) = 0 \tag{12.9}$$
を**エルミートの微分方程式**とよぶ．この方程式の基本解は合流型超幾何函数を用いて
$$z_1(\nu, s) = {}_1F_1 \left(-\frac{\nu}{2}, \frac{1}{2}, s^2 \right), \qquad z_2(\nu, s) = s \, {}_1F_1 \left(-\frac{1}{2}(\nu - 1), \frac{3}{2}, s^2 \right)$$
で与えられる．$\nu = n$ が負でない整数であるときエルミートの微分方程式は多項式函数を解にもつ ([98, p. 124]).

$$\mathrm{H}_n(s) = (-1)^n e^{s^2} \frac{\mathrm{d}^n}{\mathrm{d}s^n}(e^{-s^2})$$

は n 次多項式であることが確かめられる．$\mathrm{H}_n(s)$ を n 次の**エルミート多項式**とよぶ．エルミート多項式は直交多項式の典型例である．基本解とエルミート多項式は次の関係にある (m を負でない整数とする)．

$$z_1(2m,s) = (-1)^m \frac{m!}{(2m)!} \mathrm{H}_{2m}(s),$$

$$z_2(2m+1,s) = (-1)^m \frac{m!}{2\cdot(2m)!} \mathrm{H}_{2m+1}(s).$$

例 12.3.17 (ウェーバーの微分方程式) 定数 λ に対し

$$\psi''(s) + (\lambda - s^2)\psi(s) = 0$$

を**ウェーバーの微分方程式**とよぶ．ウェーバーの微分方程式において

$$\psi(s) = e^{-s^2/2} z(s), \qquad \nu = \frac{1}{2}(\lambda - 1) \tag{12.10}$$

とおくと $z(s)$ に関するエルミートの微分方程式 (12.9) が得られる．

量子力学において，質量 m，角振動数 ω の**調和振動子**のエネルギー準位 E は**シュレディンガー方程式**

$$-\frac{\hbar}{2m}\frac{\mathrm{d}^2}{\mathrm{d}x^2}\psi + \frac{1}{2}m\omega^2 x^2 \psi = E\psi, \qquad \hbar = \frac{h}{2\pi}$$

の固有値として求められる (h はプランク定数)．この方程式において

$$x = \sqrt{\frac{\hbar}{m\omega}} s, \qquad \lambda = \frac{2E}{\hbar\omega}$$

とおくとウェーバーの微分方程式

$$\psi''(s) + (\lambda - s^2)\psi(s) = 0$$

が得られる．(12.10) で説明した変数変換を行いエルミートの微分方程式を考察する．

量子力学的要請[1]をみたす解を求めると，ν は負でない整数であることが導かれる．エネルギー準位は

---

[1] 量子力学の教科書，たとえば[85, pp. 193–195] を参照．

$$E_n = \hbar\omega\left(n + \frac{1}{2}\right), \qquad n = 0, 1, 2, \cdots$$

で与えられる．

注意 12.3.18 (エルミート–ウェーバーの微分方程式)　エルミートの微分方程式 (12.9) において $s = t/\sqrt{2}$ と変数変換して得られる微分方程式

$$\ddot{z} - t\dot{z} + \nu z = 0$$

をエルミート–ウェーバーの微分方程式とよぶ (Whittaker-Watson[137]，木村[63])．本によっては (12.9) をエルミート–ウェーバーの微分方程式とよんでいるので注意．

以上の例から，等積幾何における曲線の微分幾何学的研究において特殊函数の理論，とくに超幾何函数・合流型超幾何函数の理論が有効であることがうかがえる．[34],[46],[57],[63],[122] などの教科書で学ばれることをすすめたい．

12.4　等積幾何における曲線の時間発展

等積幾何における平面曲線の時間発展を考えよう．前の節に続いて，記号の簡略化のため $u = \kappa^{\mathrm{SA}}$ とおく．曲線の時間発展を

$$\frac{\partial}{\partial t}\boldsymbol{p}(s;t) = g(s;t)\boldsymbol{a}_1(s;t) + f(s;t)\boldsymbol{a}_2(s;t) \tag{12.11}$$

と表示する．

$$\begin{aligned}
\frac{\partial}{\partial t}\boldsymbol{a}_1 &= \frac{\partial}{\partial s}\frac{\partial}{\partial t}\boldsymbol{p} = \frac{\partial}{\partial s}(g\boldsymbol{a}_1 + f\boldsymbol{a}_2)\\
&= (g_s - uf)\boldsymbol{a}_1 + (f_s + g)\boldsymbol{a}_2,
\end{aligned}$$

$$\begin{aligned}
\frac{\partial}{\partial t}\boldsymbol{a}_2 &= \frac{\partial}{\partial t}\frac{\partial}{\partial s}\frac{\partial}{\partial s}\boldsymbol{p} = \frac{\partial^2}{\partial s^2}(g\boldsymbol{a}_1 + f\boldsymbol{a}_2)\\
&= (g_{ss} - u_s f - uf_s - ug)\boldsymbol{a}_1\\
&\quad + (f_{ss} + 2g_s - uf)\boldsymbol{a}_2
\end{aligned}$$

より

12.4 等積幾何における曲線の時間発展

$$V := (F^{\mathrm{SA}})^{-1}\frac{\partial}{\partial t}F^{\mathrm{SA}}$$
$$= \begin{pmatrix} g_s - uf & g_{ss} - 2uf_s - u_s f - ug \\ f_s + g & f_{ss} + 2g_s - uf \end{pmatrix}$$

を得る．ここで F^{SA} は $\mathrm{SL}_2\mathbb{R}$ に値をもつことを思い出す．補題 12.1.1 より $\mathrm{tr}\, V = 0$ となるから

$$0 = g_s - uf + f_{ss} + 2g_s - uf.$$

すなわち

$$g_s = -\frac{1}{3}f_{ss} + \frac{2}{3}uf \tag{12.12}$$

を得る．これはユークリッド幾何のときの等周条件に相当する．(12.12) を**等積条件**とよぶ．一方，F^{SA} は等積的フレネの公式

$$U := (F^{\mathrm{SA}})^{-1}\frac{\partial}{\partial s}F^{\mathrm{SA}} = \begin{pmatrix} 0 & -u \\ 1 & 0 \end{pmatrix}$$

をみたす．

積分可能条件

$$V_s - U_t + [U, V] = O$$

を計算すると

$$u_t = \frac{1}{3}f_{ssss} + \frac{1}{3}u_{ss}f + \frac{5}{3}u_s f_s + \frac{5}{3}uf_{ss} + \frac{4}{3}u^2 f + u_s g \tag{12.13}$$

が得られる．

問 12.4.1 この式を確かめよ．

ここで $f(s;t) = -3u_s(s;t)$ と選ぶことにしよう．すると (12.12) より

$$g_s = u_{ss} - 2uu_s = (u_s - u^2)_s$$

であるから $g(s;t) = u_{ss}(s;t) - u(s;t)^2$ と選んでよい．すると (12.13) は

$$u_t = -u_{sssss} - 5u_{ss}u_s - 5uu_{sss} - 5u^2 u_s \tag{12.14}$$

となる (Chou–Qu[15])．これは非線型波動の研究において，澤田克郎 (1947–

2005) と小寺武康によって発見された偏微分方程式で，**澤田・小寺方程式**とよばれている*[1)][109]. 澤田・小寺方程式の多重ソリトン解については[109] および薩摩とカウプの論文[108] を参照されたい．[108] では澤田・小寺方程式のベックルンド変換を与えている．

問 12.4.2 $u(s;t) = \frac{3}{2}\mathrm{sech}^2\{\frac{1}{2}(s-t)\}$ は澤田・小寺方程式の解であることを確かめよ．この解を澤田・小寺方程式の**ソリトン解**とよぶ．

問 12.4.3 $\boldsymbol{p} : \mathbb{R} \times \mathbb{R} \to \mathbb{R}^2$ を

$$\boldsymbol{p}(s;t) = \left(2(s-t) - 6\tanh\frac{s-t}{2}, \frac{(s-t)^2}{4} - \frac{3}{2}(s-t)\tanh\frac{s-t}{2}\right)$$

で定める．
1) $\boldsymbol{p}(s;t)$ は s を等積アフィン径数にもつ等積アフィン曲線の時間発展であることを確かめよ．
2) $\boldsymbol{p}(s;t)$ の等積アフィン曲率はソリトン解 $u(s;t) = \frac{3}{2}\mathrm{sech}^2\{\frac{1}{2}(s-t)\}$ であることを確かめよ．
3) $\boldsymbol{p}(s;t)$ の図をコンピュータソフトを用いて描け．

注意 12.4.4 (高次澤田・小寺方程式) 等積条件

$$g_s = -\frac{1}{3}f_{ss} + \frac{2}{3}uf$$

を次のように書き直す．

$$g = -\frac{1}{3}f_s + \frac{2}{3}(\partial_s^{-1} \cdot u)f. \tag{12.15}$$

ここで $\partial_s^{-1} \cdot u$ は注意 5.2.2 で述べたように，次の意味である．

$$(\partial_s^{-1} \cdot u)f = h \iff uf = \partial_s h = h_s$$

つまり $h_s = uf$ となる函数 h を1つ選べということである．(12.15) を積分可能条件 (12.13) に代入すると

$$u_t = \frac{1}{3}\left\{f_{ssss} + u_{ss}f + 4u_s f_s + 5uf_{ss} + 4u^2 f + 2u_s \partial_s^{-1}(uf)\right\}$$
$$= \frac{1}{3}\left\{\partial_s^4 + u_{ss} + 4u_s\partial_s + 5u\partial_s^2 + 4u^2 + 2u_s\partial_s^{-1} \cdot u\right\}f$$

を得る．ここで

$$\Omega = \partial_s^4 + u_{ss} + 4u_s\partial_s + 5u\partial_s^2 + 4u^2 + 2u_s\partial_s^{-1} \cdot u$$

---

*[1)] 澤田・小寺と独立に Caudrey, Dodd, Gibbon もこの方程式を導出している[13],[19].

とおく．澤田・小寺方程式は $u_t = -\Omega(u_s)$ と表せる．次に $\hat{\Omega}$ を $\hat{\Omega} = \Omega(\partial^2 + u + u_s \partial^{-1})$ で定める．偏微分方程式

$$u_t = -\hat{\Omega}^n(u_s), \quad n = 1, 2, 3, \cdots$$

を**第 n 次澤田・小寺方程式**とよぶ．mKdV 方程式の場合と異なり，第 1 次澤田・小寺は澤田・小寺方程式と一致しない．実際，第 1 次澤田・小寺方程式 $u_t = -\hat{\Omega}^1(u_s)$ は

$$u_t = -u_{sssssss} + 7uu_{sssss} - 14u_s u_{ssss} - 21u_{ss} u_{sss}$$
$$-14u^2 u_{sss} - 42uu_s u_{ss} - 7u_s^3 - \frac{28}{3}u^3 u_s - u_s$$

で与えられる．澤田・小寺方程式は $u_t = -\hat{\Omega}^1(0)$ と表すことができる．実際，

$$u_t = -\hat{\Omega}^1(0) = -\Omega(\partial^2 + u + u_s \partial^{-1})0 = -\Omega(u_s).$$

第13章

相 似 幾 何

　2つの図形が同じ形をしているとき「互いに相似である」という．大きさを無視して同じ形であるかどうかを問題にするのが相似幾何である．ユークリッド幾何では無数にある円も，相似幾何ではすべて「同一図形」と考える．同様に放物線も相似幾何ではすべて同一の図形である．対数螺旋やフラクタル図形のように「自己相似」な図形も知られている．このような幾何では曲線の幾何学はどのようなことがわかるのだろうか．相似幾何における曲線の取り扱いを調べ，曲線の時間発展を考察しよう．

13.1　相似フレネの公式

　ユークリッド幾何では弧長径数を用いて，平面曲線を表示した．弧長は相似変換群で不変ではない．相似変換で不変な径数を使って，平面曲線を表示しなければならない．

　まず一旦，平面曲線を弧長径数で径数表示しておく．

$$\bm{p}(s) = (x(s), y(s)).$$

この曲線のユークリッド幾何の意味でのフレネ標構を $F(s) = (\bm{T}(s), \bm{N}(s))$ とする．等積幾何のときと同様に $\bm{p}(s)$ は**直線でない**とする．

　$\bm{p}$ の相似不変な径数として**角函数**

$$\theta = \int_0^s \kappa(s)\,\mathrm{d}s$$

をとることができる．

　次に相似幾何におけるフレネ標構を定義しよう．

13.1 相似フレネの公式

$$T^{\text{Sim}}(\theta) := \frac{d\boldsymbol{p}}{d\theta}(\theta)$$

とおくと

$$T^{\text{Sim}}(\theta) = \frac{d\boldsymbol{p}}{ds}\frac{ds}{d\theta} = \frac{1}{\kappa(s)}\boldsymbol{T}(s).$$

次に

$$\boldsymbol{N}^{\text{Sim}}(\theta) = \frac{1}{\kappa(s)}\boldsymbol{N}(s)$$

とおく. $\det(\boldsymbol{T}^{\text{Sim}}, \boldsymbol{N}^{\text{Sim}}) = 1/\kappa^2$ であるから

$$F^{\text{Sim}}(\theta) = (\boldsymbol{T}^{\text{Sim}}(\theta), \boldsymbol{N}^{\text{Sim}}(\theta))$$

は

$$\mathrm{CO}^+(2) = \{X \in \mathrm{CO}(2) \mid \det X > 0\}$$

に値をもつ.

$$\mathrm{CO}^+(2) = \{rA \mid r > 0,\ A \in \mathrm{SO}(2)\}$$

と表せることを再度注意しておく (問 3.1.7 と問 11.2.3 を参照). F^{Sim} を**相似フレネ標構**とよぶ.

フレネの公式の相似幾何版を求めよう.

$$\begin{aligned}
\frac{d}{d\theta}\boldsymbol{T}^{\text{Sim}}(\theta) &= \frac{1}{\kappa(s)}\frac{d}{ds}\left(\frac{1}{\kappa(s)}\boldsymbol{T}(s)\right) \\
&= -\frac{\kappa_s(s)}{\kappa(s)^2}\left(\frac{1}{\kappa(s)}\boldsymbol{T}(s)\right) + \frac{1}{\kappa(s)}\boldsymbol{N}(s) \\
&= -\frac{\kappa_s(s)}{\kappa(s)^2}\boldsymbol{T}^{\text{Sim}}(s) + \boldsymbol{N}^{\text{Sim}}(\theta),
\end{aligned}$$

$$\begin{aligned}
\frac{d}{d\theta}\boldsymbol{N}^{\text{Sim}}(\theta) &= \frac{1}{\kappa(s)}\frac{d}{ds}\left(\frac{1}{\kappa(s)}\boldsymbol{N}(s)\right) \\
&= -\frac{\kappa_s(s)}{\kappa(s)^2}\left(\frac{1}{\kappa(s)}\boldsymbol{N}(s)\right) - \frac{1}{\kappa(s)}\boldsymbol{T}(s) \\
&= -\frac{\kappa_s(s)}{\kappa(s)^2}\boldsymbol{N}^{\text{Sim}}(s) - \boldsymbol{T}^{\text{Sim}}(\theta).
\end{aligned}$$

ここで

$$\kappa^{\text{Sim}}(\theta) = \frac{1}{\kappa(s)^2}\frac{d\kappa}{ds}(s)$$

とおく．函数 κ^{Sim} は相似不変量である．これを**相似曲率**とよぶ ([23] 参照)．

以上より F^{Sim} は常微分方程式

$$\frac{\mathrm{d}}{\mathrm{d}\theta} F^{\mathrm{Sim}} = F^{\mathrm{Sim}} \begin{pmatrix} -\kappa^{\mathrm{Sim}} & -1 \\ 1 & -\kappa^{\mathrm{Sim}} \end{pmatrix}$$

をみたすことがわかった．この常微分方程式を**相似フレネの公式**とよぶ．

補題 12.1.1 と同様に次の事実を示しておこう．

補題 13.1.1 区間 $I \subset \mathbb{R}$ で定義された行列値函数 $X(t) : I \to \mathrm{CO}^+(2)$ に対し $X^{-1} \mathrm{d}X/\mathrm{d}t$ は

$$X(t)^{-1} \frac{\mathrm{d}}{\mathrm{d}t} X(t) = \begin{pmatrix} v(t) & -w(t) \\ w(t) & v(t) \end{pmatrix}$$

という形をしている．

証明 $X(t)$ は $\mathrm{CO}^+(2)$ に値をもつから

$$X(t) = r(t) \begin{pmatrix} \cos\theta(t) & -\sin\theta(t) \\ \sin\theta(t) & \cos\theta(t) \end{pmatrix} = r(t) R(t)$$

と表せる．したがって

$$\begin{aligned}
X^{-1} \frac{\mathrm{d}}{\mathrm{d}t} X(t) &= \frac{1}{r(t)} R(t)^{-1} \frac{\mathrm{d}}{\mathrm{d}t} \{r(t) R(t)\} \\
&= \frac{1}{r(t)} R(t)^{-1} \left\{ \frac{\mathrm{d}r}{\mathrm{d}t}(t) R(t) + r(t) \frac{\mathrm{d}}{\mathrm{d}t} R(t) \right\} \\
&= \frac{1}{r(t)} \frac{\mathrm{d}r}{\mathrm{d}t}(t) E + R(t)^{-1} \frac{\mathrm{d}}{\mathrm{d}t} R(t) \\
&= \frac{1}{r(t)} \frac{\mathrm{d}r}{\mathrm{d}t}(t) E + \begin{pmatrix} \cos\theta(t) & \sin\theta(t) \\ -\sin\theta(t) & \cos\theta(t) \end{pmatrix} \frac{\mathrm{d}}{\mathrm{d}t} \begin{pmatrix} \cos\theta(t) & -\sin\theta(t) \\ \sin\theta(t) & \cos\theta(t) \end{pmatrix} \\
&= \frac{1}{r(t)} \frac{\mathrm{d}r}{\mathrm{d}t}(t) E + \begin{pmatrix} \cos\theta(t) & \sin\theta(t) \\ -\sin\theta(t) & \cos\theta(t) \end{pmatrix} \begin{pmatrix} -\sin\theta(t) & -\cos\theta(t) \\ \cos\theta(t) & -\sin\theta(t) \end{pmatrix} \frac{\mathrm{d}\theta}{\mathrm{d}t}(t) \\
&= \begin{pmatrix} \frac{1}{r(t)} \frac{\mathrm{d}r}{\mathrm{d}t}(t) & -\frac{\mathrm{d}\theta}{\mathrm{d}t}(t) \\ \frac{\mathrm{d}\theta}{\mathrm{d}t}(t) & \frac{1}{r(t)} \frac{\mathrm{d}r}{\mathrm{d}t}(t) \end{pmatrix}
\end{aligned}$$

を得る．■

注意 13.1.2 (専門的注意) この補題は $\mathrm{CO}^+(2)$ のリー環が

$$\left\{ \begin{pmatrix} v & -w \\ w & v \end{pmatrix} \,\middle|\, v, w \in \mathbb{R} \right\}$$

で与えられることを意味する．

問 13.1.3 相似幾何において，系 3.2.3 と同様の，平面曲線の表現公式を作れ．

問 13.1.4 相似幾何における平面曲線論の基本定理を述べて，証明を与えよ．

相似曲率の定義から

$$\kappa^{\mathrm{Sim}}(\theta) = 0 \iff \kappa(s) \text{ が零でない定数}$$

なので，相似幾何における「曲がっていない曲線」は円である．

相似曲率 κ^{Sim} とユークリッド曲率 κ の関係式を用いて相似曲率一定の曲線を求めてみよう．

$\kappa \neq 0$ の場合，$\kappa^{\mathrm{Sim}} = $ 定数 c_1 とおくと $1/\kappa = (-c_1)s + c_2$，つまりユークリッド曲率の逆数が一次式となる曲線である．$c_1 \neq 0$ ならば例 2.2.6 で見たようにこの曲線は対数螺旋である．$c_1 = 0, c_2 \neq 0$ のときは円である．

13.2 相似幾何における曲線の時間発展

曲線の時間発展を考察しよう．記号の簡略化のため，$u(\theta; t) = \kappa^{\mathrm{Sim}}(\theta; t)$ とおく．時間発展を

$$\frac{\partial}{\partial t} \boldsymbol{p}(\theta; t) = g(\theta; t)\, \boldsymbol{N}^{\mathrm{Sim}}(\theta; t) + f(\theta; t)\, \boldsymbol{T}^{\mathrm{Sim}}(\theta; t).$$

とすると

$$\begin{aligned}
\frac{\partial}{\partial t} \boldsymbol{T}^{\mathrm{Sim}} &= \frac{\partial}{\partial t} \frac{\partial}{\partial \theta} \boldsymbol{p} = \frac{\partial}{\partial \theta}(g \boldsymbol{N}^{\mathrm{Sim}} + f \boldsymbol{T}^{\mathrm{Sim}}) \\
&= (f_\theta - uf - g) \boldsymbol{T}^{\mathrm{Sim}} + (g_\theta - gu + f) \boldsymbol{N}^{\mathrm{Sim}},
\end{aligned}$$

$$\frac{\partial}{\partial t}\boldsymbol{N}^{\text{Sim}} = \frac{\partial}{\partial t}(\boldsymbol{T}_\theta^{\text{Sim}} + u\boldsymbol{T}^{\text{Sim}}) = \frac{\partial}{\partial \theta}\frac{\partial}{\partial t}\boldsymbol{T}^{\text{Sim}} + u_t\boldsymbol{T}^{\text{Sim}} + u\frac{\partial}{\partial t}\boldsymbol{T}^{\text{Sim}}$$

$$= \frac{\partial}{\partial \theta}\left\{(g_\theta - gu + f)\boldsymbol{N}^{\text{Sim}} + (f_\theta - uf - g)\boldsymbol{T}^{\text{Sim}}\right\}$$

$$+ u_t\boldsymbol{T}^{\text{Sim}} + u\{(g_\theta - gu + f)\boldsymbol{N}^{\text{Sim}} + (f_\theta - uf - g)\boldsymbol{T}^{\text{Sim}}\}$$

$$= \{(f_\theta - uf - g)_\theta - (g_\theta - gu + f) + u_t\}\boldsymbol{T}^{\text{Sim}}$$

$$+ \{(g_\theta - gu + f)_\theta + (f_\theta - uf - g)\}\boldsymbol{N}^{\text{Sim}}.$$

したがって

$$V := (F^{\text{Sim}})^{-1}\frac{\partial}{\partial t}F^{\text{Sim}}$$

$$= \begin{pmatrix} f_\theta - uf - g & (f_\theta - uf - g)_\theta - (g_\theta - gu + f) + u_t \\ g_\theta - gu + f & (g_\theta - gu + f)_\theta + (f_\theta - uf - g) \end{pmatrix}$$

を得る.

ユークリッド幾何の等周条件に相当する条件を考えよう. 補題 13.1.1 を $V(\theta, t)$ に適用すると

$$(g_\theta - gu + f)_\theta = 0, \qquad u_t + (f_\theta - uf - g)_\theta = 0 \qquad (13.1)$$

を得る. これを**相似的等周条件**とよぶ. したがって

$$V = \begin{pmatrix} f_\theta - uf - g & -(g_\theta - gu + f) \\ g_\theta - gu + f & f_\theta - uf - g \end{pmatrix} \qquad (13.2)$$

を得る. 一方, 相似フレネの公式より

$$U := (F^{\text{Sim}})^{-1}\frac{\partial}{\partial \theta}F^{\text{Sim}} = \begin{pmatrix} -u & -1 \\ 1 & -u \end{pmatrix} \qquad (13.3)$$

である. (13.2) と (13.3) を用いて積分可能条件を計算すると相似曲率 $u(\theta; t)$ に関する連立偏微分方程式

$$(g_\theta - gu + f)_\theta = 0, \qquad u_t + (f_\theta - uf - g)_\theta = 0$$

を得るがこれは (13.1) と同一の連立偏微分方程式である. (13.1) より

$$g_\theta - gu + f = a(t) \qquad (t \text{ のみの函数})$$

である．この式を $f = a - g_\theta + gu$ と書き直して $u_t + (f_\theta - uf - g)_\theta = 0$ に代入すると

$$u_t - g_{\theta\theta\theta} + 2g_{\theta\theta}u + 3g_\theta u_\theta + gu_{\theta\theta} - au_\theta - 2guu_\theta - g_\theta - g_\theta u^2 = 0$$

を得る．

たとえば
$$f(\theta;t) = -u(\theta;t), \qquad g(\theta;t) = -1, \quad a = 0$$

は条件 $(g_\theta - gu + f)_\theta = 0$ をみたす．f, g, a をこのように選ぶと，u のみたす偏微分方程式は

$$0 = u_t + (-u_\theta + u^2 + 1)_\theta = u_t - u_{\theta\theta} + 2uu_\theta$$

となる．$\theta = x$ と表記の変更をすると

$$u_t = u_{xx} - 2uu_x$$

を得る．この方程式は**バーガース方程式**とよばれている[*1)](Burgers[12])．このときの時間発展は

$$\frac{\partial}{\partial t}\boldsymbol{p}(x;t) = -\boldsymbol{N}^{\mathrm{Sim}}(x;t) - u(x;t)\,\boldsymbol{T}^{\mathrm{Sim}}(x;t)$$

で与えられる．

　バーガース方程式は乱流の 1 次元モデルとして研究されてきた．また流体の衝撃波の運動を記述する方程式としても知られている ([96, pp. 8–9, pp. 80–81],[120],[129] を参照)．バーガース方程式を，超離散化という手続きを経てセル・オートマトン化したものは**超離散バーガース方程式**とよばれている (西成・高橋[92])．超離散バーガース方程式については広田・高橋[44] に詳しい解説がある．また超離散バーガース方程式は交通流解析 (**渋滞学**) に用いられている (西成・金井[91])．

　さて $q(x,t) = 1/\kappa(s)$ とおくと ($x = \theta$ と表記の変更をしたことに注意)

[*1)] Johannes Martinus Burgers (1895–1981).

$$\frac{\partial}{\partial x}\log q(x,t) = \frac{1}{q(x,t)}\frac{\partial q}{\partial x} = \frac{1}{q(x,t)}\frac{\partial q}{\partial s}\frac{\mathrm{d}s}{\mathrm{d}x} = \kappa\frac{\partial}{\partial s}\left(\frac{1}{\kappa(s)}\right)\frac{1}{\kappa(s)}$$
$$= -\frac{\kappa_s(s)}{\kappa(s)^2} = -u(x,t)$$

したがって
$$u = -\frac{\partial}{\partial x}\log q \tag{13.4}$$

を得た.

(13.4) の両辺を t で偏微分すると
$$u_t = -\frac{q_{xt}}{q} + \frac{q_x q_t}{q^2} = \frac{1}{q}\left(-\frac{\partial}{\partial x} + \frac{q_x}{q}\right)q_t.$$

一方, (13.4) を x で偏微分すると
$$u_x = -\frac{q_{xx}}{q} + \frac{(q_x)^2}{q^2}.$$

もう一度 x で偏微分すると
$$u_{xx} = -\frac{q_{xxx}}{q} + \frac{3q_x q_{xx}}{q^2} - \frac{2q_x^3}{q^3}$$

となるので
$$-u_{xx} + 2uu_x = \frac{q_{xxx}}{q} - \frac{3q_x q_{xx}}{q^2} + \frac{2q_x^3}{q^3} - \frac{2q_x}{q}\left\{-\frac{q_{xx}}{q} + \frac{q_x^2}{q^2}\right\}$$
$$= \frac{q_{xxx}}{q} - \frac{q_x q_{xx}}{q^2} = -\frac{1}{q}\left(-\frac{\partial}{\partial x} + \frac{q_x}{q}\right)q_{xx}.$$

したがって
$$u_t - u_{xx} + 2uu_x = \frac{1}{q}\left(-\frac{\partial}{\partial x} + \frac{q_x}{q}\right)(q_t - q_{xx})$$

を得る. したがって q が偏微分方程式
$$q_t = q_{xx} \tag{13.5}$$

をみたせば u はバーガース方程式の解を与えることがわかった.

偏微分方程式 (13.5) は**拡散方程式 (熱伝導方程式)** とよばれている.

バーガース方程式の解 u と拡散方程式の解 q を結びつける式 (13.4) は**ホップ**

–**コール変換** とよばれている (Cole[*1][16], Hopf[*2][49]).

例 13.2.1 (衝撃波解) $q(x,t) = \exp(\lambda x + \lambda^2 t + c)$ とすると,$q_t = \lambda^2 q$,$q_{xx} = \lambda^2 q$ であるから拡散方程式の解であることがわかる.より一般に

$$q_N(x,t) = 1 + \sum_{i=1}^N \exp(\lambda_i x + \lambda_i^2 t + c_i)$$

も拡散方程式の解である.

$$(q_N)_x = \sum_{i=1}^N \frac{\partial}{\partial x}\left(\exp(\lambda_i x + \lambda_i^2 t + c_i)\right)$$
$$= \sum_{i=1}^N \lambda_i \exp(\lambda_i x + \lambda_i^2 t + c_i)$$

より q_N のホップ–コール変換は

$$u_N(x,t) = -\frac{\sum_{i=1}^N \lambda_i \exp(\lambda_i x + \lambda_i^2 t + c_i)}{1 + \sum_{i=1}^N \exp(\lambda_i x + \lambda_i^2 t + c_i)}$$

と計算できる.$u_N(x,t)$ はバーガース方程式の**衝撃波解**とよばれている (図 13.1).

$N=1$ のとき,$\lambda_1 = \lambda$,$c_1 = c$ と書き換えると

$$u_1(x,t) = -\frac{\lambda}{1 + \exp(\lambda x + \lambda^2 t + c)}$$

と表示できる.$u_1(x,t)$ は $x + \lambda t$ のみに依存する進行波解である.さらに

$$\lim_{x \to \infty} u_1(x,t) = -\lambda, \qquad \lim_{x \to -\infty} u_1(x,t) = 0$$

であることが確かめられる.

問 13.2.2 衝撃波解を相似曲率にもつ平面曲線を求めよ.

[*1] Julia D. Cole (1925–1999). Notices of American Mathematical Society 47 (2000), no. 4, 466–473 を参照.

[*2] Eberhard Hopf (1902–1983). Wiener-Hopf の方法,ホップ分岐,最大値の原理 (1927) などでも知られている.

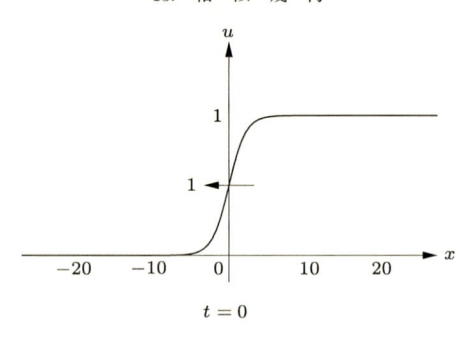

図 13.1 衝撃波解 ($N = 1$)

13.3 拡散方程式

ホップ–コール変換により拡散方程式の解からバーガース方程式の解が得られることがわかった．

そこで，この節ではフーリエ級数を用いた解の構成法の例を紹介しておく．より詳しい内容については偏微分方程式やフーリエ解析の教科書 (たとえば[77], [96],[99] と，これらの本で紹介されている参考文献) を参照してほしい．

拡散方程式 $q_t = q_{xx}$ の解 $q(x,t)$ を変数分離の方法で構成する．この方法はフーリエが『熱の解析的理論』で発表した方法を現代的に述べたものである．

$q(x,t) = X(x)Q(t)$ と変数分離されているという条件を課して，$0 \leq x \leq L$, $t > 0$ で定義された解 $q(x,t)$ を構成する．x に関する微分演算をプライム，t に関する微分演算をドットで表す．$q(x,t) = X(x)Q(t)$ を拡散方程式に代入すると

$$X(x)\dot{Q}(t) = X''(x)Q(t)$$

を得る．この両辺を $q(t) = X(x)Q(t)$ で割ると

$$\frac{\dot{Q}(t)}{Q(t)} = \frac{X''(x)}{X(x)}.$$

左辺は t のみ，右辺は x のみに依存するから両辺は定数である．その定数を k と書くと

$$X'' - kX = 0,$$
$$\dot{Q} - kQ = 0$$

を得る.

境界条件
$$q(0,t) = q(L,t) = 0, \qquad t > 0 \tag{13.6}$$

と初期条件
$$q(x,0) = f(x), \qquad 0 \leq x \leq L \tag{13.7}$$

を課して解 $q(x,t)$ を求めてみる.ここで課した境界条件 (13.6) は物理学的には次のような意味をもつ.

---

x 軸上に置かれた長さ L の棒の温度分布を $q(x,t)$ で表す.温度分布 $q(x,t)$ は熱伝導方程式 $q_t = q_{xx}$ に従う.棒の両端 $(x = 0$ と $x = L)$ では温度は 0 とする.

境界条件 (13.6) より
$$q(0,t) = X(0)Q(t) = 0, \qquad q(L,t) = X(L)Q(t) = 0.$$

$Q(t) = 0$ は意味がないので,この場合を除くことにすると
$$X(0) = X(L) = 0$$

である.さて $X''(x) = kX(x)$ を条件 $X(0) = X(L) = 0$ の下で解こう.

(1) $k = 0$ のとき.$X(x) = ax + b$ と表せる.$0 = X(0) = X(L)$ より $b = 0$ かつ $aL = 0$.したがって $a = b = 0$,すなわち $X(x) = 0$.このとき $q(x,t) = 0$.

(2) $k > 0$ のとき $k = c^2$ $(c > 0)$ とおくと $X(x) = ae^{cx} + be^{-cx}$ と表せる.$0 = X(0) = X(L)$ より
$$a + b = 0, \qquad ae^L + be^{-L} = 0$$

なので前者を後者に代入して

$$a(e^{cL} - e^{-cL}) = 0.$$

$c > 0, L > 0$ より $a = 0$ となり結局, $q(x,t) = X(x)Q(t) = 0$.

(3) $k < 0$ のとき. $k = -c^2$ ($c > 0$) とおくと $X(t) = a\cos(cx) + b\sin(cx)$ と表せる. $X(0) = 0$ より $a = 0$. 次に $X(L) = 0$ より

$$b\sin(cL) = 0.$$

$b = 0$ だと $X(x) = 0$ となってしまうので $b \neq 0$ を仮定すると

$$c = \frac{n\pi}{L}, \qquad n = 1, 2, 3, \cdots$$

と選べばよい. そこで

$$X(x) = X_n(x) = b_n \sin\frac{n\pi x}{L}, \qquad b_n \in \mathbb{R}$$

とすれば $X_n(x)$ は境界条件 (13.6) をみたす解である. 続いて $X_n(x)$ と対になるように $\dot{Q}(t) = kQ(t)$ を求める.

$$X_n''(x) = -\left(\frac{n\pi}{L}\right)^2 X_n(x)$$

より

$$\dot{Q}(t) = -\left(\frac{n\pi}{L}\right)^2 Q(t)$$

を $Q(0) = Q(L) = 0$ の下で解けばよいから

$$Q(t) = Q_n(t) = a_n \exp\left\{-\left(\frac{n\pi}{L}\right)^2 t\right\}, \qquad a_n \in \mathbb{R}$$

したがって

$$q_n(x,t) = X_n(x)Q_n(t) = c_n \sin\frac{n\pi x}{L} \exp\left\{-\left(\frac{n\pi}{L}\right)^2 t\right\}$$

は境界条件 (13.6) をみたす拡散方程式の解である. ($c_n = a_n b_n$ とおいた). ここで求めた解 q_n は初期条件 (13.7) をみたしてはいないので, 境界条件 (13.6) と初期条件 (13.7) の両方をみたす解を構成しよう.

$$q(x,t) = \sum_{n=1}^{\infty} c_n \sin\frac{n\pi x}{L} \exp\left\{-\left(\frac{n\pi}{L}\right)^2 t\right\}$$

とおく. これがきちんと収束していると仮定する. この解 $q(x,t)$ は境界条件

(13.6) をみたしている.

初期条件より
$$f(x) = q(x,0) = \sum_{n=1}^{\infty} c_n \sin \frac{n\pi x}{L}$$
となる. これは $f(x)$ の正弦フーリエ級数とよばれるものに他ならない.

ここで簡単に正弦フーリエ級数を説明しておこう. 閉区間 $[0, L]$ で定義された函数 $f(x)$ を考える. まずこの函数を $f(-x) = -f(x)$ と定めて $[-L, L]$ 上の奇函数に拡張する. さらに周期 $2L$ の周期函数 ($f(x+2L) = f(x)$) として $\mathbb{R}$ 上に拡張する. ここで
$$c_n = \frac{2}{L} \int_0^L f(x) \sin \frac{n\pi x}{L} \, dx$$
とおく. 無限級数
$$\frac{2}{L} \sum_{n=1}^{\infty} c_n \sin \frac{n\pi x}{L}$$
を $f(x)$ の**正弦フーリエ級数**とよぶ. $f(x)$ の正弦フーリエ級数がいつ収束するか, 収束したときに $f(x)$ と一致するかが問題になるが, これについては次の事実が基本的である (たとえば[77, p. 142] を参照).

定理 13.3.1 $f(x)$ は周期 $2L$ の連続函数であり, かつ奇函数であるとする. $f(x)$ が $[-L, L]$ において区分的に C^1 級, すなわち, 有限個の点 $-L = a_0 < a_1 < a_2 < \cdots < a_k = L$ が存在して各閉区間 $[a_i, a_{i+1}]$ 上で f が C^1 級であるとする. このとき, $f(x)$ の正弦フーリエ級数は $f(x)$ に絶対かつ一様収束する.

したがって我々の目的のためには周期 $2L$ の C^1 級函数 $f(x)$ を選んで
$$q(x,t) = \frac{2}{L} \sum_{n=1}^{\infty} \left(\int_0^L f(x) \sin \frac{n\pi x}{L} \, dx \right) \sin \frac{n\pi x}{L} \exp\left\{ -\left(\frac{n\pi}{L}\right)^2 t \right\} \tag{13.8}$$
と定めればよい.

問 13.3.2 初期条件 (13.7) において $f(x) = x(L-x)$ と選んだときの解 (13.8) を求めよ.

この章では区間 $[0, L]$ で定義された拡散方程式の解を構成したが, 無限区間

$-\infty < x < \infty$ における変数分離による解の構成はフーリエ積分を用いて実行できる．詳細はフーリエ解析や偏微分方程式の教科書を参照してもらうこととし，フーリエ解析の知識を用いずに説明できる例をあげてこの章を閉じよう．

例 13.3.3
$$H(x,t) = \frac{1}{2\sqrt{\pi t}} \exp\left(-\frac{x^2}{4t}\right)$$
は $-\infty < x < \infty,\ 0 < t$ で定義された拡散方程式の解である．これを**基本解**とよぶ (図 13.2)．

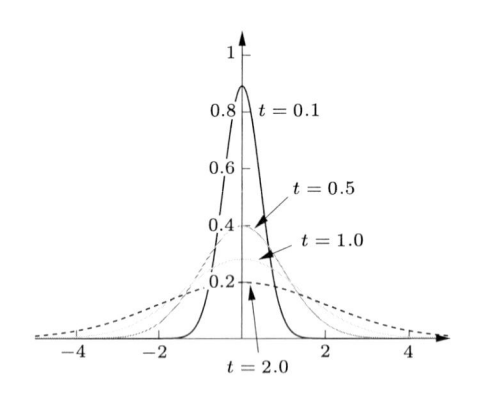

図 13.2 基本解

問 13.3.4 基本解 $H(x,t)$ が拡散方程式をみたすことを確かめよ．

注意 13.3.5 $f : \mathbb{R} \to \mathbb{R}$ を有界な連続函数とすると広義積分
$$q(x,t) = \int_{-\infty}^{\infty} f(y) H(x-y, t)\, \mathrm{d}y$$
は収束し，拡散方程式をみたす．さらに $-\infty < x < \infty$ において広義一様に
$$\lim_{t \to +0} q(x,t) = f(x)$$
が成り立つことが示せる ([111, p. 323])．

2 つの函数 $f, g : \mathbb{R} \to \mathbb{R}$ とすべての $x \in \mathbb{R}$ に対し広義積分
$$\int_{-\infty}^{\infty} f(x-y) g(y)\, \mathrm{d}y$$

存在するとき，この積分の結果得られる函数を f と g の**合成積** (畳み込み・接合積ともよばれる) とよび $f*g(x)$ と表記する．上で構成した解 $q(x,t)$ は $f(x)$ と $H(x,t)$ の合成積である．

閉曲線を調べる上でもフーリエ級数は有用である．[90],[103] を見るとよい．

フーリエ (Jean Baptiste Joseph Fourier, 1768–1830)　　オーセール生まれ．1793 年ごろよりフランス革命運動に参加し，逮捕されたことがある．1798 年，ナポレオン (Napoléon Bonaparte, 1769-1821) のエジプト遠征に従軍する．このとき同行した科学者には画法幾何学，モンジュ–アンペール方程式などで知られるモンジュ (Gaspard Monge, 1746-1818)，黒鉛と粘土を混ぜて焼き上げた芯をもつ鉛筆の製法 (1795) を開発したコンテ (Nicholas Jacques Conté, 1755-1805) がいる．

エジプトから帰国後，イゼール県の知事に就任 (1802-1815)．知事としての功績で 1808 年に男爵の爵位を得た．知事職にある間にエジプト調査に関する論文『エジプトの科学と政治に関する研究』*Recherches sur les sciences et gouvernement de l'Egypte* を執筆する．さらにエジプト学最初のデータベースとして知られる『エジプト誌』*Description de l'Egypte*, (1809–1828) の編集に携わる．『エジプト誌』の序文 (*Preface historique*) も執筆している．1803 年に知事公邸を訪問したシャンポリオン (Jean-François Champollion, 1790–1832) はフーリエからロゼッタストーンを見せられる．フーリエからヒエログリフ (神聖文字・聖刻文字) が解読されていないことを聞き，その解読を誓ったという逸話が残されている (1822 年に成功した)．フーリエの名は月面のクレーターにつけられている (直径 $52\,\mathrm{km}$, $30°\mathrm{S}$, $53°\mathrm{W}$)．シャンポリオンの名は，地球から見て裏側の月面にあるクレーター ($37°\mathrm{N}$, $175°\mathrm{E}$) につけられている．

光の干渉実験・弾性に関するヤング率で知られる物理学者ヤング (Thomas Young, 1773–1829) もヒエログリフ解読に携わったことを付記しておこう．知事職にある間に「フーリエ解析」を生み出すきっかけとなる研究を行う．

フランス学士院に 1807 年に提出した論文『熱の伝播について』*Sur la propagation de la chaleur* を改訂・拡充して『熱の解析的理論』*Théorie analytique de la chaleur* を 1822 年に出版．ケルヴィン卿 (Lord Kelvin, 1824-1907，本名，William Thomson) は『熱の解析的理論』を「偉大な数学的詩」と評したと言う．フーリエは 1811 年にも『固体の中における熱の運動理論』*Théorie de mouvement de la chaleur dans les corps solides* を提出している．1811 年の論文は後に 2 部に分けて 1824 年と 1826 年に出版している．1807 年の論文が公刊されたのは 1972 年のことである (I. Grattan-Guinness and J. R. Ravetz, *Joseph Fourier, 1768-1830. A Survey of His Life and Work*, MIT Press, 1972).

フーリエの著作は「函数とは何か」を問い直すきっかけのひとつであった．

フーリエの生涯については J. Herivel, *Joseph Fourier, the Man and the Physicist*, Clarendon Press (1975) に詳しい．

第14章

メビウス幾何

　相似変換とは平面図形の形を変えずに大きさを変化させる変換であった．相似変換の一般化として，拡大率が点ごとに異なる変換 (共形変換) を考えることができる．共形変換は複素解析との密接なつながりが特徴である．この章では，複素解析を学んだ読者に向けて共形変換群で定まるクライン幾何を紹介する．この幾何学からは複素 KdV 方程式が導かれることを説明する．

14.1 共 形 変 換

　D を数平面 $\mathbb{R}^2$ の領域[*1]とする．点 $a \in D$ で交わる D 内の正則な径数付曲線 p_1 と p_2 をとる．a における p_1, p_2 の接ベクトルをそれぞれ v_1, v_2 とする．このとき

$$\angle_a(p_1, p_2) = \angle(v_1, v_2), \qquad \measuredangle_a(p_1, p_2) = \measuredangle(v_1, v_2)$$

と定め ($\angle$ と $\measuredangle$ については注意 11.2.5 参照)，それぞれを a における p_1 と p_2 のなす**角**，p_1 と p_2 のなす**有向角**とよぶ (図 14.1)．

　D で定義された写像 $f: D \to \mathbb{R}^2$ を考える．

定義　$f: D \to \mathbb{R}^2$ が点 $a \in D$ を通る任意の 2 本の径数付曲線 p_1, p_2 に対し，

$$\angle_a(f(p_1), f(p_2)) = \angle_a(p_1, p_2)$$

[*1] $D \subset \mathbb{R}^2$ のどの点 p に対しても

$$U_r(p) = \{q \in \mathbb{R}^2 \mid \mathrm{d}(p, q) < r\} \subset D$$

となる $r > 0$ がとれるとき D を $\mathbb{R}^2$ の**開集合**という．開集合 D が 2 つの開集合 U, V によって $D = U \cup V$ かつ $U \cap V = \emptyset$ と表すことができないとき D を**領域**とよぶ．

14.1 共形変換

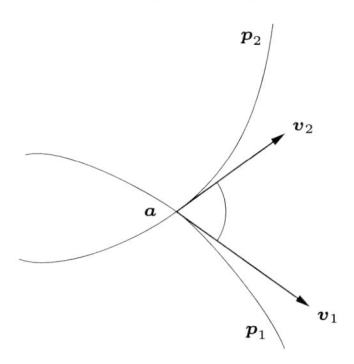

図 14.1 曲線のなす角

をみたすとき f は $\boldsymbol{a}$ において**共形**であるという．とくに向きも保つとき，すなわち
$$\angle_{\boldsymbol{a}}(f(\boldsymbol{p}_1), f(\boldsymbol{p}_2)) = \angle_{\boldsymbol{a}}(\boldsymbol{p}_1, \boldsymbol{p}_2)$$
であるとき f は $\boldsymbol{a}$ において**等角**であるという．D のすべての点で共形 (等角) であるとき f は D 上で共形 (等角) であるという．

相似変換 $f \in \mathrm{Sim}(2)$ は明らかに共形変換である (角は相似不変量)．

写像 $f : D \to \mathbb{R}^2$ を
$$f(x, y) = (u(x, y),\ v(x, y))$$
と表し，f が共形であるための条件を求めよう．正則な径数付曲線 $\boldsymbol{p}(t) = (x(t), y(t))$ に対し

$$\begin{aligned}
\frac{\mathrm{d}}{\mathrm{d}t} f(\boldsymbol{p}(t)) &= \frac{\mathrm{d}}{\mathrm{d}t} \begin{pmatrix} u(x(t), y(t)) \\ v(x(t), y(t)) \end{pmatrix} \\
&= \begin{pmatrix} u_x(x(t), y(t)) \dot{x}(t) + u_y(x(t), y(t)) \dot{y}(t) \\ v_x(x(t), y(t)) \dot{x}(t) + v_y(x(t), y(t)) \dot{y}(t) \end{pmatrix} \\
&= \begin{pmatrix} u_x(x(t), y(t)) & u_y(x(t), y(t)) \\ v_x(x(t), y(t)) & v_y(x(t), y(t)) \end{pmatrix} \begin{pmatrix} \dot{x}(t) \\ \dot{y}(t) \end{pmatrix}
\end{aligned}$$

であるから f が共形であるための必要十分条件は問 11.2.3 より
$$u_x = v_y, \quad u_y = -v_x \quad \text{または} \quad u_x = -v_y, \quad u_y = v_x$$

であることがわかる．とくに f が等角変換であるための必要十分条件は u と v が複素解析で習う**コーシー–リーマンの方程式**

$$u_x = v_y, \qquad v_x = -u_y \tag{14.1}$$

をみたすことである．この事実から，共形変換を調べるには複素数を用いるのが便利だということがわかるだろう．

そこで数平面 $\mathbb{R}^2$ を複素平面

$$\mathbb{C} = \{z = x + yi \mid x, y \in \mathbb{R}\}$$

と思い直す．$f(x,y)$ も複素函数

$$f(z) = u(x,y) + v(x,y)i$$

として取扱うことにしよう．

14.2 複素函数

複素数の基本事項を復習しておく．複素数 $z = x + yi$ に対し $x = \operatorname{Re} z$, $y = \operatorname{Im} z$ と表し，それぞれ z の**実部**，**虚部**とよぶ．また $\bar{z} = x - yi$ を z の**共 軛 複素数**という．また z の**絶対値** $|z|$ を $|z| = \sqrt{z\bar{z}} = \sqrt{x^2 + y^2}$ で定める．0 でない複素数の全体を

$$\mathbb{C}^{\times} = \{z \in \mathbb{C} \mid z \neq 0\}$$

で表す．

0 でない複素数 $c = a + bi$ に対し半直線 $\mathbb{R}^+ = \{x \in \mathbb{R} \mid x > 0\}$ から「0 から出発して c を通る半直線」まで測った有向角を c の**偏角**という（図 14.2）．
$r = |c| = \sqrt{a^2 + b^2}$ とおくと $c = a + bi$ は偏角 θ を用いて $c = r(\cos\theta + \sin\theta i)$ と表せる．この表示を c の**極表示**という．

写像 $f(x, y) = (u(x, y), v(x, y))$ を複素関数 $f = u + vi$ に書き換えるには

$$x = \frac{1}{2}(z + \bar{z}), \qquad y = \frac{1}{2i}(z - \bar{z})$$

を代入し f を z と $\bar{z}$ の式

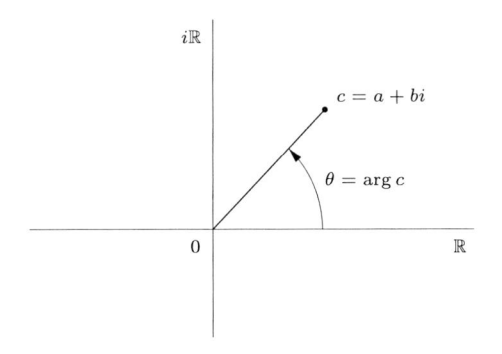

図 14.2　偏角

$$f(z) = u\left(\frac{z+\bar{z}}{2}, \frac{z-\bar{z}}{2i}\right) + v\left(\frac{z+\bar{z}}{2}, \frac{z-\bar{z}}{2i}\right)i$$

に書き換えればよい．

たとえば，$\mathbb{R}^2$ の相似変換

$$f\begin{pmatrix} x \\ y \end{pmatrix} = r \begin{pmatrix} \cos\theta & -\sin\theta \\ \sin\theta & \cos\theta \end{pmatrix} \begin{pmatrix} x \\ y \end{pmatrix}$$

は $z = x + yi$, $c = r(\cos\theta + \sin\theta\, i)$ を用いると

$$f(z) = r(\cos\theta + \sin\theta\, i)z = cz$$

と書き直せる．また向きを反転させる相似変換

$$f\begin{pmatrix} x \\ y \end{pmatrix} = r \begin{pmatrix} \cos\theta & \sin\theta \\ \sin\theta & -\cos\theta \end{pmatrix} \begin{pmatrix} x \\ y \end{pmatrix}$$

は $f(z) = c\bar{z}$ と書き直せる．

続けて複素解析の基本事項を復習しておこう．

領域 D で定義された複素函数 $f = u + vi : D \to \mathbb{C}$ において $u = \mathrm{Re}\, f$, $v = \mathrm{Im}\, f$ をそれぞれ f の**実部**，**虚部**とよぶ．実部と虚部が D で偏微分可能なとき f は D で偏微分可能であるという．偏微分可能な複素函数 $f = u + vi$ に対し f の複素導函数 $f_z, f_{\bar{z}}$ を

$$f_z = \frac{\partial f}{\partial z} = \frac{1}{2}\left(\frac{\partial f}{\partial x} - \frac{\partial f}{\partial y}i\right), \quad f_{\bar{z}} = \frac{\partial f}{\partial \bar{z}} = \frac{1}{2}\left(\frac{\partial f}{\partial x} + \frac{\partial f}{\partial y}i\right)$$

で定める．

定義 領域 $D \subset \mathbb{C}$ で定義された複素函数 $f: D \to \mathbb{C}$ に対し極限

$$f'(c) = \lim_{z \to c} \frac{f(z) - f(c)}{z - c}, \quad a \in D$$

が存在するとき f は $c \in D$ において**複素微分可能**であるといい，$f'(c)$ を f の c における**複素微分係数**とよぶ．D のすべての点で複素微分可能なとき f を D 上の**正則函数** (holomorphic function) とよぶ．f が正則のとき対応 $z \longmapsto f'(z)$ で定まる D 上の複素函数を f' と表記し f の**導函数**とよぶ．

複素微分可能性は次のように特徴づけられる ([22, 定理 1.28])．

命題 14.2.1 領域 D 上の複素函数 $f(z) = u(x,y) + v(x,y)i$ に対し次は同値である．

- f は $c = a + bi \in D$ において複素微分可能．
- f は $c = a + bi$ で全微分可能で $\frac{\partial f}{\partial \bar{z}}(c) = 0$．
- $u(x,y), v(x,y)$ は (a,b) において全微分可能であり，コーシー–リーマンの関係式

$$u_x(a,b) = v_y(a,b), \quad u_y(a,b) = -v_x(a,b)$$

をみたす．

このとき

$$f'(c) = \frac{\partial f}{\partial z}(c)$$

が成立する．

注意 14.2.2 複素函数 $f = u + iv$ に対し $\bar{f} = u - iv$ で定まる複素函数を f の**複素共軛函数**とよぶ．$\bar{f}$ が D 上で正則なとき f は D 上で**反正則**であるという．反正則函数の典型例は $f(z) = \bar{z}$ である．

系 14.2.3 領域 D 上の複素函数 $f(z) = u(x,y) + v(x,y)i$ に対し次は同値である．

- $\bar{f}$ は $c = a + bi \in D$ において複素微分可能．
- f は $c = a + bi$ で全微分可能で $\frac{\partial f}{\partial z}(c) = 0$．
- $u(x,y), v(x,y)$ は (a,b) において全微分可能であり，

$$u_x(a,b) = -v_y(a,b), \qquad u_y(a,b) = v_x(a,b)$$

をみたす.
このとき
$$\bar{f}'(c) = \frac{\partial f}{\partial \bar{z}}(c)$$
が成立する.

命題 14.2.1 と系 14.2.3 から共形写像の特徴づけが得られる.

定理 14.2.4 領域 $D \subset \mathbb{C}$ で定義された C^1 級[*1)]の複素函数 $f(z) = u(x,y) + v(x,y)i$ が共形変換であるための必要十分条件は
- f が D 上の正則函数かつ $f'(z) \neq 0$ または
- f は D 上の反正則函数で $\bar{f}'(z) \neq 0$

をみたすことである.

14.3 1次分数変換

等角写像の典型例である1次分数変換を紹介する.まずいくつかの記法を準備する.

数平面 $\mathbb{R}^2$ の成分を複素数にしたものを $\mathbb{C}^2$ と表記する.すなわち
$$\mathbb{C}^2 = \{ \boldsymbol{z} = (z_1, z_2) \mid z_1, z_2 \in \mathbb{C} \}.$$
$\mathbb{C}^2$ は 2 次元複素線型空間 (複素ベクトル空間) である.

複素数を成分にもつ 2 次正方行列の全体を $\mathrm{M}_2\mathbb{C}$ で表す.さらに,正則な 2 次正方行列の全体を $\mathrm{GL}_2\mathbb{C}$ で表す.

$$\mathrm{GL}_2\mathbb{C} = \left\{ A = \begin{pmatrix} a_{11} & a_{12} \\ a_{21} & a_{22} \end{pmatrix} \in \mathrm{M}_2\mathbb{C} \ \middle| \ \det A \neq 0 \right\}.$$

$A \in \mathrm{M}_2\mathbb{C}$ の行列式 $\det A$ は $\mathrm{M}_2\mathbb{R}$ のときと同様に $\det A = a_{11}a_{22} - a_{12}a_{21}$ で定める.

実一般線型群 $\mathrm{GL}_2\mathbb{R}$ と同様に $\mathrm{GL}_2\mathbb{C}$ も行列の乗法に関し群をなす.この群を

[*1)] $u(x,y)$ と $v(x,y)$ がともに D 上で偏微分可能で偏導函数がすべて D で連続であること.

複素一般線型群とよぶ. **複素特殊線型群**も同様に

$$\mathrm{SL}_2\mathbb{C} = \{A \in \mathrm{M}_2\mathbb{C} \mid \det A = 1\}$$

で定義される (第 8 章, (9.5) も参照).

$A = (a_{ij}) \in \mathrm{M}_2\mathbb{C}$ を用いて複素平面 $\mathbb{C}$ 上の変換 T_A を

$$T_A(z) = \frac{a_{11}z + a_{12}}{a_{21}z + a_{22}} \tag{14.2}$$

で定める. 分母 $a_{21}z + a_{22}$ が 0 となる点 $z = -a_{22}/a_{21}$ の扱いが問題になるが, まずは「分母が 0 とならない範囲」で T_A を考えることにしておく. T_A を A の定める **1 次分数変換**とよぶ[*1]. (分母が 0 になる点を除き) 複素関数 $T_A(z)$ は複素微分可能であるから複素関数 $z \mapsto T_A(z)$ は等角変換である.

2 点 $z, w \in \mathbb{C}$ に対し $T_A(z) = T_A(w)$ を具体的に書き出してみると

$$\frac{a_{11}z + a_{12}}{a_{21}z + a_{22}} = \frac{a_{11}w + a_{12}}{a_{21}w + a_{22}} \iff \det A(z-w) = 0$$

が得られる. したがって $A \in \mathrm{GL}_2\mathbb{C}$ と選べば T_A は 1 対 1 であることがわかる.

命題 14.3.1　1 次分数変換は次をみたす.

(1)　$A, B \in \mathrm{GL}_2\mathbb{C}$ に対し $T_A \circ T_B = T_{AB}$, すなわち

$$T_A(T_B(z)) = T_{AB}(z).$$

(2)　定数 c と $A \in \mathrm{GL}_2\mathbb{C}$ に対し $T_{cA} = T_A$, すなわち $T_{cA}(z) = T_A(z)$.

(3)　$T_A = T_B \Leftrightarrow B = cA, c$ は 0 でない定数.

問 14.3.2　この命題を確かめよ.

14.4　無 限 遠 点

たとえば $N = \begin{pmatrix} 0 & 1 \\ 1 & 0 \end{pmatrix}$ による 1 次分数変換を考えると

$$T_N(z) = \frac{1}{z}$$

[*1]　複素解析の本で「1 次変換」という名称をつけているものがあるので注意.

であるから $z=0$ のときに T_N をどう考えるべきかという問題が生じる. 0 に収束する複素数列 $\{z_n\}$ をとろう. 定義より $|z_n| \to 0$ である.

$$|T_N(z_n)| = \left|\frac{1}{z_n}\right| = \frac{1}{|z_n|}$$

だから $|T_N(z_n)|$ は限りなく大きくなる. いいかえると $\mathbb{C}$ 上で限りなく遠くへと発散する. ここで発想をかえて, $z \to 0$ としたとき $1/z$ は「無限遠にある点に収束する」と考えてやることにしよう. そこで複素平面に無限遠点 ∞ を添加した**拡大複素平面**を導入する.

定義 複素平面 $\mathbb{C}$ に 1 点 ∞ を添加した集合 $\overline{\mathbb{C}} = \mathbb{C} \cup \{\infty\}\,(\infty \notin \mathbb{C})$ に次の規約をおく. $c \in \mathbb{C}$ に対し

- $\infty \pm c = c \pm \infty = \infty, \quad c/\infty = 0$,
- $c \neq 0$ ならば $c\infty = \infty c = \infty, \quad \infty/c = \infty, \quad c/0 = \infty$.

添加した点 ∞ を**無限遠点**とよぶ. $\overline{\mathbb{C}}$ を**拡大複素平面**とよぶ.

$A \in \mathrm{GL}_2\mathbb{C}, z \in \overline{\mathbb{C}}$ に対し,

$$T_A(z) = \begin{cases} \frac{a_{11}z + a_{12}}{a_{21}z + a_{22}} & z \neq \infty, \quad a_{21}z + a_{22} \neq 0 \\ \infty & z \neq \infty, \quad a_{21}z + a_{22} = 0 \end{cases} \tag{14.3}$$

$$T_A(\infty) = \begin{cases} \frac{a_{11}}{a_{21}} & a_{11}a_{21} \neq 0 \text{ のとき} \\ 0 & a_{11} = 0, a_{21} \neq 0 \text{ のとき} \\ \infty & a_{11} \neq 0, a_{21} = 0 \text{ のとき} \end{cases} \tag{14.4}$$

と定めることで T_A を $\overline{\mathbb{C}}$ 上の変換としてきちんと定義できる. とくに, $\overline{\mathbb{C}}$ 上で 1 対 1 であることに注意しよう.

14.5　リーマン球面

単に 1 点 ∞ を追加してだけでは不十分で, ∞ とその周辺 (近傍) で複素解析ができるようにしなければならない. $\overline{\mathbb{C}}$ における開集合を定めよう.

定義 ($\overline{\mathbb{C}}$ の位相) $r > 0$ とする. $c \in \overline{\mathbb{C}}$ の r-近傍 $U_r(c)$ を以下の要領で定める.

- $c \neq \infty$ のとき, $U_r(c) = \{z \in \mathbb{C} \mid |z - c| < r\}$.

- $c = \infty$ のとき, $U_r(\infty) = \{z \in \mathbb{C} \mid |z| > r\} \cup \{\infty\}$.

$U_r(c)$ のいくつかの和集合で表せる $\overline{\mathbb{C}}$ の部分集合を $\overline{\mathbb{C}}$ の**開集合**とよぶ.

開集合 $D \subset \overline{\mathbb{C}}$ がふたつの開集合 U, V によって $D = U \cup V$ かつ $U \cap V = \emptyset$ と表すことができないとき D を $\overline{\mathbb{C}}$ の**領域**とよぶ.

定義 r-近傍 $U_r(c)$ 上の複素函数 $\phi : U_r(c) \to \mathbb{C}$ を
- $c \neq \infty$ のとき $\phi(z) = z$,
- $c = \infty$ のとき $\phi(z) = 1/z$

で定め $U_r(a)$ 上の**局所複素座標**とよぶ.

定義 $f : D \to \mathbb{C}$ を $\overline{\mathbb{C}}$ の領域 D で定義された複素函数とする. D の各点 c の r-近傍 $U_r(c)$ において $f \circ \phi^{-1}$ が $\phi(c)$ で複素微分可能であるとき D で**正則**であるという.

D が ∞ を含まなければ 14.1 節で定めた正則函数の定義と一致することに注意しよう.

$\overline{\mathbb{C}}$ の位相をよりよく理解するために立体射影とよばれる写像を用いる. 3 次元数空間 $\mathbb{R}^3 = \{(\xi, \eta, \zeta) \mid \xi, \eta, \zeta \in \mathbb{R}\}$ 内の原点を中心とする半径 1 の球面

$$\mathbb{S}^2 = \{(\xi, \eta, \zeta) \in \mathbb{R}^3 \mid \xi^2 + \eta^2 + \zeta^2 = 1\}$$

を考える. 複素平面 $\mathbb{C}$ と $\mathbb{R}^3$ 内の平面 $\zeta = 0$ を同一視しよう. $\mathbb{S}^2$ を地球になぞらえて $\boldsymbol{n} = (0, 0, 1)$, $\boldsymbol{s} = (0, 0, -1)$ を $\mathbb{S}^2$ の**北極**, **南極**とよぶ. $\mathbb{S}^2$ 上の点 $\boldsymbol{p} = (\xi, \eta, \zeta)$ と $\boldsymbol{n}$ を結ぶ直線は

$$\{\boldsymbol{n} + t(\boldsymbol{p} - \boldsymbol{n}) \mid t \in \mathbb{R}\}$$

で与えられる. この直線と $\mathbb{C}$ の交点は

$$\pi(\xi, \eta, \zeta) = \frac{1}{1-\zeta}(\xi + \eta\, i)$$

である. $\pi : \mathbb{S}^2 \setminus \{\infty\} \to \mathbb{C}$ は全単射であり, その逆写像は

$$\pi^{-1}(z) = \frac{1}{1+|z|^2}\left(2\operatorname{Re} z, 2\operatorname{Im} z, |z|^2 - 1\right), \qquad z \in \mathbb{C}$$

で与えられる．$\pi(\boldsymbol{n}) = \infty$ と定めることで π を $\mathbb{S}^2$ から $\overline{\mathbb{C}}$ への全単射に拡張できる．この拡張した写像も π と表記し，$\mathbb{S}^2$ の北極に関する**立体射影**とよぶ (図 14.3).

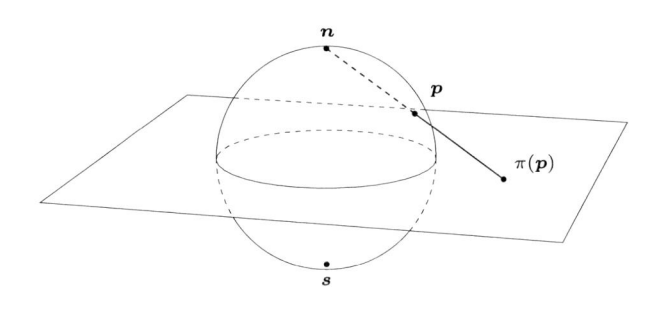

図 14.3 立体射影

$\mathbb{S}^2$ は $\mathbb{R}^3$ から誘導された位相 (部分空間としての位相・相対位相) をもつ．拡大複素平面の位相と $\mathbb{S}^2$ の位相は立体射影を介して次の関係にあることが確かめられる ([22, 命題 3.1]).

命題 14.5.1 立体射影 $\pi : \mathbb{S}^2 \to \overline{\mathbb{C}}$ は同相写像である．

すなわち，拡大複素平面は位相空間として $\mathbb{S}^2$ と同一視できる．そこで $\overline{\mathbb{C}}$ のことを**リーマン球面**ともよぶ．立体射影の基本的な性質を挙げておこう ([22, p. 97, 定理 4.1],[112, p. 283, 定理 5.5])

命題 14.5.2 立体射影 π で $\mathbb{S}^2$ の円は $\mathbb{C}$ 内の円または直線に写る．逆に $\mathbb{C}$ 内の円および直線は π^{-1} で $\mathbb{S}^2$ 内の円に写る．$\mathbb{S}^2$ 内の円は北極 $\boldsymbol{n}$ を通るときのみ $\mathbb{C}$ 内の直線に写る．

$\boldsymbol{a} \in \mathbb{S}^2$ で交わる $\mathbb{S}^2$ 内の 2 曲線 $\boldsymbol{p}_1$ と $\boldsymbol{p}_2$ に対し $\boldsymbol{a}$ におけるそれぞれの接ベクトルを $\boldsymbol{v}_1, \boldsymbol{v}_2$ で表そう．数平面内の曲線のときと同様に

$$\angle_{\boldsymbol{a}}(\boldsymbol{p}_1, \boldsymbol{p}_2) = \angle(\boldsymbol{v}_1, \boldsymbol{v}_2), \qquad \measuredangle_{\boldsymbol{a}}(\boldsymbol{p}_1, \boldsymbol{p}_2) = \measuredangle(\boldsymbol{v}_1, \boldsymbol{v}_2)$$

と定め，それぞれを $\boldsymbol{a}$ における $\boldsymbol{p}_1$ と $\boldsymbol{p}_2$ のなす**角**，$\boldsymbol{p}_1$ と $\boldsymbol{p}_2$ のなす**有向角**とよぶ．

この定義のもとで次の事実が確かめられる ([112, p. 282, 定理 5.4],[118, p. 28, 定理 2.2]).

命題 14.5.3 立体射影は等角写像である.

1次分数変換をリーマン球面上の変換と考えると次の重要な性質が導ける ([22, p. 97, 定理 4.11],[112, p. 361, 定理 11.11]).

定理 14.5.4 (円円対応) 1次分数変換でリーマン球面の円は円に写る.

リーマン球面の別の構成法を説明しよう.

$$\mathcal{U}_+ = \mathbb{S}^2 \setminus \{n\}, \quad \mathcal{U}_- = \mathbb{S}^2 \setminus \{s\}$$

とおく.これらは $\mathbb{S}^2$ の開集合である.

$$\mathcal{U}_+ \cap \mathcal{U}_- = \mathbb{S}^2 \setminus \{n, s\}$$

に注意する.$\phi_+ : \mathcal{U}_+ \to \mathbb{C}, \phi_- : \mathcal{U}_- \to \mathbb{C}$ を

$$\phi_+(\xi, \eta, \zeta) = \frac{1}{1-\zeta}(\xi + \eta i),$$
$$\phi_-(\xi, \eta, \zeta) = \frac{1}{1+\zeta}(\xi - \eta i)$$

で定義する.

$$\phi_+(\mathcal{U}_+ \cap \mathcal{U}_-) = \phi_-(\mathcal{U}_+ \cap \mathcal{U}_-) = \mathbb{C}^\times$$

である.

ここで ϕ_+ の値域の複素平面の複素座標を z としよう.ϕ_- の値域の複素平面の複素座標は w とする.すると

$$(\phi_- \circ \phi_+^{-1})(z) = \frac{1}{z}, \quad (\phi_+ \circ \phi_-^{-1})(w) = \frac{1}{w} \tag{14.5}$$

が得られる (図 14.4).

ということは $\mathbb{S}^2$ は複素座標 z をもつ複素平面 $(\mathbb{C}, z)$ と w を複素座標にもつ複素平面 $(\mathbb{C}, w)$ を規則 $w = 1/z$ で貼り合わせたものである (図 14.5:$z = \infty$ と $w = 0$ を対応させていることに注意).

定義 領域 $D \subset \overline{\mathbb{C}}$ で定義され $\overline{\mathbb{C}}$ に値をもつ連続写像 f が

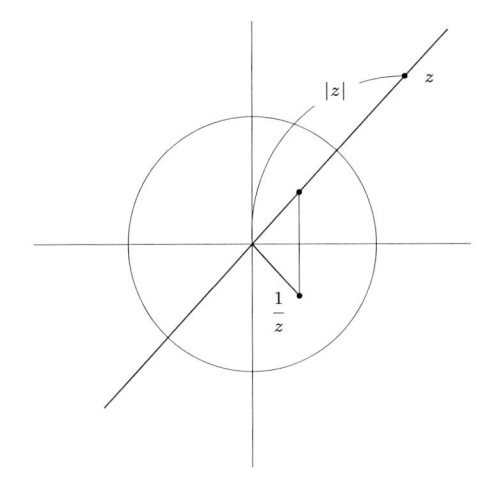

14.5 リーマン球面

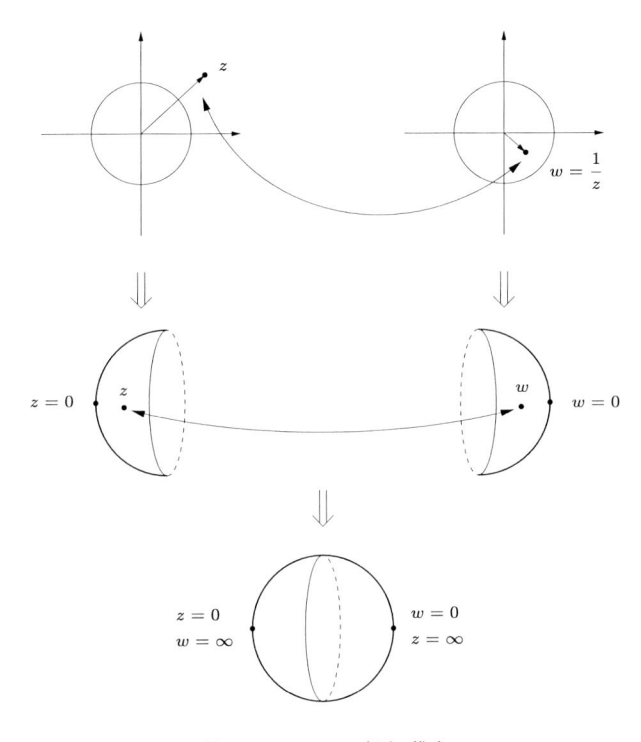

図 14.4 $z \mapsto 1/z$

図 14.5 リーマン球面の構成

- $E_\infty = \{z \in D \mid f(z) = \infty\}$ が D 内で集積点をもたず,
- f は $D \setminus E_\infty$ で正則

であるとき,f を D 上の**有理型函数**とよぶ.

定義 領域 $D \subset \mathbb{C}$ で定義された有理型函数 $f : D \to \overline{\mathbb{C}}$ に対し

$$S_z(f) = \left(\frac{f''(z)}{f'(z)}\right)' - \frac{1}{2}\left(\frac{f''(z)}{f'(z)}\right)^2$$

を f の**シュワルツ微分**とよぶ.

シュワルツ微分は次の性質をもつことが確かめられる ([93, p. 208]).

定理 14.5.5
(1) シュワルツ微分は 1 次分数変換で不変.すなわち $A \in \mathrm{SL}_2\mathbb{C}$ に対し $S_z(T_A(f)) = S_z(f)$.
(2) $S_z(f) = 0 \iff A \in \mathrm{SL}_2\mathbb{C}$ を用いて $f(z) = T_A(z)$ と表せる.

定義 $f : \overline{\mathbb{C}} \to \overline{\mathbb{C}}$ が全単射で f も f^{-1} も正則であるとき f を**解析的自己同型写像**とよび,その全体を $\mathrm{Aut}(\overline{\mathbb{C}})$ で表す.$\mathrm{Aut}(\overline{\mathbb{C}})$ は合成に関し群をなす.この群を $\overline{\mathbb{C}}$ の**解析的自己同型群**とよぶ.

解析的自己同型群については次の事実が知られている ([22, p. 95, 定理 4.9, p. 100, 例 4.18],[112, p. 355, 定理 11.5]).

定理 14.5.6 解析的自己同型群 $\mathrm{Aut}(\overline{\mathbb{C}})$ は 1 次分数変換の全体と一致する.

定義 $f : \overline{\mathbb{C}} \to \overline{\mathbb{C}}$ が全単射で f も f^{-1} も共形写像 (等角写像) であるとき f を $\overline{\mathbb{C}}$ の**メビウス変換** (向きを保つメビウス変換) とよぶ[*1)].$\overline{\mathbb{C}}$ のメビウス変換 (向きを保つメビウス変換) 全体のなす群を $\mathrm{M\ddot{o}b}(\overline{\mathbb{C}})$ ($\mathrm{M\ddot{o}b}^+(\overline{\mathbb{C}})$) で表し,**メビウス変換群** (向きを保つメビウス変換群) とよぶ.

系 14.5.7 $\mathrm{M\ddot{o}b}^+(\overline{\mathbb{C}})$ は 1 次分数変換の全体と一致する.

注意 14.5.8 (メビウス変換) n 次元球面 $\mathbb{S}^n$ ($n \geq 2$) 上の変換 $f : \mathbb{S}^n \to \mathbb{S}^n$ が $(n-1)$ 次元の球面を $(n-1)$ 次元の球面に写すとき f を**メビウス変換**という (定理 14.5.4 参照).

[*1)] August Möbius(1806–1868)

14.6 複素射影直線

リーマン球面は2枚の複素平面を貼り合わせてできることがわかった．また1次分数変換がリーマン球面の向きを保つメビウス変換であることもわかった．これらの事実を別の観点で捉えよう．

$z = (z_1, z_2) \in \mathbb{C}^2, (z \neq (0,0))$ に対し

$$\ell = \{\lambda z \mid \lambda \in \mathbb{C}\} = \mathbb{C}z$$

を $\mathbb{C}^2$ の1次元複素線型部分空間とよぶ．ℓ は原点 $\mathbf{0} = (0,0)$ と z を通る**複素直線**ともよばれる．$\mathbb{C}^2$ 内の原点を通る複素直線の全体を $\mathbb{P}_1$ で表し**複素射影直線**とよぶ．$z = (z_1, z_2), w = (w_1, w_2) \in \mathbb{C}^2 \setminus \{\mathbf{0}\}$ が同一の「原点を通る複素直線」を定めるための必要十分条件は $w = \lambda z \ (\lambda \in \mathbb{C}^\times)$ と表せることである．そこで

$$z \sim w \iff \text{ある複素数} \lambda \in \mathbb{C}^\times \text{を用いて } w = \lambda z \text{と表せる}$$

と定めれば $\sim$ は $\mathbb{C}^2 \setminus \{\mathbf{0}\}$ 上の同値関係である．この同値関係に関する $\mathbb{C}^2 \setminus \{\mathbf{0}\}$ の商集合を $\mathbb{C}^2 \setminus \{\mathbf{0}\}/\mathbb{C}^\times$ と表す．射影 $\mathrm{p} : \mathbb{C}^2 \setminus \{\mathbf{0}\} \to \mathbb{C}^2 \setminus \{\mathbf{0}\}/\mathbb{C}^\times$ は

$$\mathrm{p}(z) = [z] = \{\lambda z \mid \lambda \in \mathbb{C}^\times\}$$

で与えられる．

z の同値類 $[z] = \{\lambda z \mid \lambda \in \mathbb{C}^\times\}$ と z を通る複素直線 $\mathbb{C}z$ は $\mathbf{0}$ を含むか否かの違いしかないから $\mathbb{C}z$ と $[z]$ を対応させることで $\mathbb{P}_1$ と $\mathbb{C}^2 \setminus \{\mathbf{0}\}/\mathbb{C}^\times$ が同一視できる．以下，この同一視を用いる．

$\ell \in \mathbb{P}_1$ に対し $\ell = [z]$ となる z を ℓ の**同次座標ベクトル**とよぶ．

$\mathbb{P}_1$ の "点" ℓ に座標を定めたい．まず $\ell = [z] = [(z_1, z_2)]$ と表してみる．ℓ の座標として (z_1, z_2) を選ぶわけにはいかない．実際，任意の $\lambda \in \mathbb{C}^\times$ に対し

$$[(z_1, z_2)] = [\lambda(z_1, z_2)] = [(\lambda z_1, \lambda z_2)]$$

であるから ℓ に対してただひとつの座標が定まらない．ここで z_1 と z_2 の比 $z_1 : z_2$ に着目しよう．$\ell = [(z_1, z_2)] = [(w_1, w_2)]$ と2通りの表し方をしても

$z_1 : z_2 = w_1 : w_2$ である.そこで $\ell = [z_1 : z_2]$ と表し,$[z_1 : z_2]$ を ℓ の**同次座標**とよぶ.

$$\hat{U}_+ = \{z = (z_1, z_2) \mid z_1 \neq 0\}, \qquad \hat{U}_- = \{z = (z_1, z_2) \mid z_2 \neq 0\}$$

とおき,さらに

$$U_+ = \mathrm{p}(\hat{U}_+), \qquad U_- = \mathrm{p}(\hat{U}_-)$$

とおくと $\mathbb{P}_1 = U_+ \cup U_-$ である.複素座標 z をもつ複素平面 $(\mathbb{C}, z)$ と複素座標 w をもつ複素平面 $(\mathbb{C}, w)$ を用意し写像 $\psi_+ : U_+ \to (\mathbb{C}, z)$, $\psi_- : U_- \to (\mathbb{C}, w)$ を

$$\psi_+([z_1 : z_2]) = \frac{z_2}{z_1} = z, \qquad \psi_-([z_1 : z_2]) = \frac{z_1}{z_2} = w$$

で定めることができる (well-defined). $U_+ \cap U_-$ 上では

$$(\psi_- \circ \psi_+^{-1})(z) = \frac{1}{z}, \qquad (\psi_+ \circ \psi_-^{-1})(w) = \frac{1}{w} \tag{14.6}$$

が成立している.$z = \phi_+([z_1 : z_2])$ を $[z_1 : z_2]$ の $((U_+, \psi_+)$ に関する) **非同次座標**とよぶ.同様に $w = \phi_-([z_1 : z_2])$ を $[z_1 : z_2]$ の $((U_-, \psi_-)$ に関する) 非同次座標とよぶ.

S^2 と $\mathbb{P}_1$ において $\mathcal{U}_+$ と U_+, $\mathcal{U}_-$ と U_- が全単射対応していることがわかる.そこで $\mathcal{U}_\pm$ を $U_\pm$ と同一視してみよう.すると (14.5) と (14.6) を見比べれば $\phi_\pm$ と $\psi_\pm$ が同一視される.したがって,リーマン球面と複素射影直線が同一視される.

14.7 射 影 変 換

$\mathrm{SL}_2\mathbb{C}$ の $\mathbb{C}^2 \setminus \{\mathbf{0}\}$ 上の作用 $\tilde{\rho}$ を

$$\tilde{\rho} : \mathrm{SL}_2\mathbb{C} \times \mathbb{C}^2 \setminus \{\mathbf{0}\} \longrightarrow \mathbb{C}^2 \setminus \{\mathbf{0}\}; \quad \tilde{\rho}(A, \mathbf{z}) = A\mathbf{z}$$

で定めよう.$z = [\mathbf{z}] = [z_1 : z_2]$ と $\mathbf{w} = (w_1, w_2) \in z$ に対し $\mathbf{w} = \lambda \mathbf{z}$ と表せるから

$$[A\mathbf{w}] = [A(\lambda \mathbf{z})] = [\lambda(A\mathbf{z})] = [A\mathbf{z}]$$

がわかる.したがって $\mathrm{SL}_2\mathbb{C}$ の $X = \mathbb{P}_1$ 上の作用 ρ を

$$\rho : \mathrm{SL}_2\mathbb{C} \times \mathbb{P}_1 \longrightarrow \mathbb{P}_1; \quad \rho(A, [z]) = [Az] \qquad (14.7)$$

で定義できることがわかる．各変換 $[z] \mapsto \rho(A, [z])$ を**射影変換**とよぶ．この射影変換をもっと詳しく調べる．

複素平面 $\mathbb{C}$ を $\mathbb{P}_1$ の領域 U_- とみなそう (同一視する)．すなわち，$w \in \mathbb{C}$ を $[w : 1] \in \mathbb{P}_1$ と考える．すると $\boldsymbol{w} = (w, 1)$ に対し

$$\rho(A, [w : 1]) = [A\boldsymbol{w}] = [a_{11}w + a_{12} : a_{21}w + a_{22}]$$

だから $[A\boldsymbol{w}]$ の (U_-, ψ_-) に関する非同次座標は

$$\frac{a_{11}w + a_{12}}{a_{21}w + a_{22}} = T_A(w)$$

で与えられる．したがって射影変換を複素平面上で考えたものが 1 次分数変換であることがわかった．

一方，命題 14.3.1 より

$$\text{任意の } z \in \mathbb{P}_1 \text{ に対し } \rho(A, z) = \rho(B, z) \iff B = \pm A$$

を示すことができる．そこで $A \in \mathrm{SL}_2\mathbb{C}$ と $-A$ を同じものとみなして得られる群

$$\mathrm{PSL}_2\mathbb{C} = \mathrm{SL}_2\mathbb{C}/\{\pm E\}$$

を用意すれば

$$\mathrm{PSL}_2\mathbb{C} \longrightarrow \mathrm{M\ddot{o}b}^+(\overline{\mathbb{C}}); \quad \pm A \longmapsto T_A$$

は群同型写像を与える．したがって向きを保つメビウス変換のなす群 $\mathrm{M\ddot{o}b}^+(\overline{\mathbb{C}})$ は $\mathrm{PSL}_2\mathbb{C}$ と同一視されることがわかった．

14.8　メビウス幾何における曲線の時間発展

以上の準備・観察をもとに次の定義を与えよう．

定義　ρ を (14.7) で定めた $\mathrm{PSL}_2\mathbb{C}$ の $\mathbb{P}_1$ 上の作用とする．$(\mathrm{PSL}_2\mathbb{C}, \mathbb{P}_1, \rho)$ で定まるクライン幾何を 2 次元**メビウス幾何**とよぶ．

複素射影直線 $\mathbb{P}_1$ 内の径数付曲線 $\gamma(u)$ を考察する.まず $\gamma(u)$ の斉次座標ベクトルを $\boldsymbol{w}(u) = [w_1(u) : w_2(u)]$ と表す.

ここで γ の別の同次座標ベクトル場 $\tilde{\boldsymbol{w}}(u)$ をとろう.$\tilde{\boldsymbol{w}}(u)$ と $\boldsymbol{w}(u)$ は

$$\boldsymbol{w}(u) = \lambda(u)\tilde{\boldsymbol{w}}(u), \qquad \lambda(u) > 0 \tag{14.8}$$

という関係にある.したがって $\boldsymbol{w}(u) \neq \boldsymbol{0} \Leftrightarrow \tilde{\boldsymbol{w}}(u) \neq \boldsymbol{0}$ である.そこで,同次座標ベクトル場 $\boldsymbol{w}(u)$ が $\boldsymbol{w}(u) \neq \boldsymbol{0}$ をみたすとき,$\gamma(u)$ は**非退化曲線**であると定義しよう.

非退化径数付曲線 $\gamma(u) = [w_1(u) : w_2(u)]$ の非同次座標を $w(u)$ で表す.

$$[w_1(u) : w_2(u)] = [1 : w(u)].$$

非退化という仮定のもとでは,同次座標ベクトル場 $\boldsymbol{w}(u)$ を条件

$$\det(\boldsymbol{w}'(u), \boldsymbol{w}(u)) = 1, \qquad \boldsymbol{w}'(u) = \frac{d\boldsymbol{w}}{du}(u) \tag{14.9}$$

をみたすように選ぶことができる.実際,まず $\gamma(u) = [\boldsymbol{w}(u)]$ と表しておくと (14.8) より

$$\begin{aligned}
\det(\boldsymbol{w}'(u), \boldsymbol{w}(u)) &= \det((\lambda(u)\tilde{\boldsymbol{w}}(u))', \lambda(u)\tilde{\boldsymbol{w}}(u)) \\
&= \det(\lambda'(u)\tilde{\boldsymbol{w}}(u) + \lambda(u)\tilde{\boldsymbol{w}}'(u), \lambda(u)\tilde{\boldsymbol{w}}(u)) \\
&= \lambda(u)^2 \det(\tilde{\boldsymbol{w}}'(u), \tilde{\boldsymbol{w}}(u))
\end{aligned}$$

であるから

$$\tilde{\boldsymbol{w}}(u) = \lambda(u)\boldsymbol{w}(u), \qquad \lambda(u)^2 = \det(\boldsymbol{w}'(u), \boldsymbol{w}(u))$$

で $\tilde{\boldsymbol{w}}(u)$ を定めれば,$\det(\tilde{\boldsymbol{w}}'(u), \tilde{\boldsymbol{w}}(u)) = 1$ をみたす.この $\tilde{\boldsymbol{w}}(u)$ を改めて $\boldsymbol{w}(u)$ と書けばよい.

(14.9) の両辺を u で微分すれば $\det(\boldsymbol{w}''(u), \boldsymbol{w}(u)) = 0$ が得られるので,ある函数 $\mu(u)$ を用いて $\boldsymbol{w}''(u) = \mu(u)\boldsymbol{w}(u)$ と表すことができる.
$(w_1'', w_2'') = \mu(w_1, w_2)$ より

$$\frac{w''}{w'} = -\frac{2(w_2)'}{w_2}$$

であるから

$$\left(\frac{w''}{w'}\right)' - \frac{1}{2}\left(\frac{w''}{w'}\right)^2 = -2\mu$$

が得られる．この式の左辺は w のシュワルツ微分を実変数 u で考えたものである．シュワルツ微分は $\mathrm{PSL}_2\mathbb{C}$ の作用で不変な量であるから (定理 14.5.5)，函数 $\mu(u)$ は曲線 $\gamma(u)$ の曲率とよぶにふさわしい量である．

$\mu(u)$ を $\gamma(u)$ の**メビウス曲率**とよぶ．

$$F^{\mathrm{M\ddot{o}b}}(u) = (\boldsymbol{w}_u(u), \boldsymbol{w}(u))$$

と定め $\gamma(u)$ の**等角フレネ標構**とよぶ．

$$\frac{\mathrm{d}}{\mathrm{d}u} F^{\mathrm{M\ddot{o}b}} = F^{\mathrm{M\ddot{o}b}} \begin{pmatrix} 0 & 1 \\ \mu & 0 \end{pmatrix}$$

を**等角フレネの公式**とよぶ．

曲線の時間発展を考えよう．

$$\frac{\partial}{\partial t}\boldsymbol{w}(u;t) = f(u;t)\boldsymbol{w}_u(u;t) + g(u;t)\boldsymbol{w}(u;t)$$

において

$$(\boldsymbol{w}_u)_t = (\boldsymbol{w}_t)_u = (g\boldsymbol{w} + f\boldsymbol{w}_u)_u = (f_u + g)\boldsymbol{w}_u + (g_u + \mu f)\boldsymbol{w}$$

と計算されるので $F^{\mathrm{M\ddot{o}b}}(u;t) = (\boldsymbol{w}_u(u;t), \boldsymbol{w}(u;t))$ は

$$V := (F^{\mathrm{M\ddot{o}b}})^{-1} \frac{\partial}{\partial t} F^{\mathrm{M\ddot{o}b}} = \begin{pmatrix} f_u + g & f \\ g_u + \mu f & g \end{pmatrix} \tag{14.10}$$

をみたす．ここで $F^{\mathrm{M\ddot{o}b}}$ は $\mathrm{SL}_2\mathbb{C}$ に値をもつから，等積幾何のときと同様に $\operatorname{tr} V = 0$ をみたさねばならない．したがって $2g + f_u = 0$ を得る．この条件を**等角条件**とよぶ．

一方，$F^{\mathrm{M\ddot{o}b}}$ は等角フレネの公式

$$U := (F^{\mathrm{M\ddot{o}b}})^{-1} \frac{\partial}{\partial u} F^{\mathrm{M\ddot{o}b}} = \begin{pmatrix} 0 & 1 \\ \mu & 0 \end{pmatrix}$$

をみたす．積分可能条件

$$V_u - U_t + [U, V] = O$$

を計算すると
$$\mu_t - 2\mu f_u - \mu_u f + \frac{1}{2} f_{uuu} = 0$$
を得る．ここで $f(u;t) = 2\mu(u;t)$ と選ぶと積分可能条件は
$$\mu_t - 6\mu\mu_u + \mu_{uuu} = 0 \tag{14.11}$$
となる．これを**複素 KdV 方程式**とよぶ（例 9.1.2, (9.11) と比較せよ）．この場合，時間発展は
$$\boldsymbol{w}_t = 2\mu\,\boldsymbol{w}_u - \mu_u \boldsymbol{w} \tag{14.12}$$
である．

14.9 ミウラ変換

メビウス曲線論とユークリッド曲線論を見比べよう．

複素平面 $\mathbb{C}$ 内の弧長径数表示された曲線 $w(s): I \to \mathbb{C}$ を考えよう．$w(s)$ の単位接ベクトル場，単位法ベクトル場をそれぞれ $\mathbb{C}$ に値をもつ函数
$$T(s): I \to \mathbb{C}, \qquad N(s): I \to \mathbb{C}$$
として取扱う．$N(s) = iT(s), w_{ss} = \kappa N$ に注意しよう．このとき
$$\boldsymbol{w}(s) = \frac{1}{\sqrt{w_s(s)}}(w(s), 1)$$
で $\boldsymbol{w}(s): I \to \mathbb{C}^2 \setminus \{\boldsymbol{0}\}$ を定めると $\boldsymbol{w}(s)$ は条件 (14.9) をみたしていることが確かめられる．$\boldsymbol{w}(s)$ の定める $\mathbb{P}_1$ 内の曲線を $\gamma(s)$ で表す．$\gamma(s)$ のメビウス曲率 $\mu(s)$ は
$$-2\mu(s) = \left(\frac{w_{ss}}{w_s}\right)_s - \frac{1}{2}\left(\frac{w_{ss}}{w_s}\right)^2 = \left(\frac{\kappa N}{T}\right)_s - \frac{1}{2}\left(\frac{\kappa N}{T}\right)^2$$
$$= \left(\frac{\kappa i T}{T}\right)_s - \frac{1}{2}\left(\frac{\kappa i T}{T}\right)^2 = \frac{1}{2}\kappa^2 + \kappa_s\,i$$
と計算される．

$\boldsymbol{w}(s)$ を (14.12) に沿って時間発展させると，メビウス曲率 μ は複素 KdV 方程式 (14.11) に従う．

一方，(14.12) は w に関する偏微分方程式

$$w_t = 2\mu\, w_s \tag{14.13}$$

に書き換えられる．ここに $\mu = -(\kappa^2 + 4\kappa_s i)/4$ を代入すると

$$w_t = -\kappa_s N - \frac{1}{2}\kappa^2 T$$

を得るがこれは 5.2 節で見た時間発展 (5.9) である．すなわち κ は mKdV 方程式 $\kappa_t + \kappa_{sss} + \frac{3}{2}\kappa^2\kappa_s = 0$ に従う．

複素平面内の曲線をユークリッド幾何とメビウス幾何で考察することで mKdV 方程式と複素 KdV 方程式の間に成立している重要な事実が得られた．すなわち，mKdV 方程式の解 $\kappa(s;t)$ を用いて複素函数 $\mu(s;t)$ を

$$\mu = -\frac{1}{4}\kappa^2 - \frac{1}{2}\kappa_s\, i \tag{14.14}$$

で定義すると μ は複素 KdV 方程式の解である．(14.14) を**ミウラ変換**とよぶ[*1]．

ミウラ変換は KdV 方程式に対する逆散乱法の発見の契機となった ([83] 参照)．

問 14.9.1 (研究課題) ミウラ変換 (14.14) はユークリッド曲率とメビウス曲率を結びつける幾何学的な変換である．ホップ–コール変換 (13.4) はユークリッド曲率と相似曲率を結びつける変換である．ユークリッド曲率と等積曲率を結びつける幾何学的変換を考察し，mKdV 方程式の解から澤田・小寺方程式 (12.14) の解への変換を導くことはできるだろうか．

注意 14.9.2 $\mathbb{C}^2$ 内の図形

$$\{\boldsymbol{z} = (z_1, z_2) \in \mathbb{C}^2 \mid z_1 z_2 = 1\}$$

を**複素双曲線**とよぶ．複素双曲線内の曲線に対する曲率 μ を定め，その時間発展を考察することから複素バーガース方程式 $\mu_t = -i\mu_{ss} + 2\mu\mu_s$ が導かれる (藤岡・黒瀬[24],[25])．

[*1] Miura の原論文[81] では**非収束型 mKdV 方程式** $v_t - 6v^2 v_s + v_{sss} = 0$ の解 v を用いて $u = v_s + v^2$ と定めると u が実数値の KdV 方程式 $u_t - 6uu_s + u_{sss} = 0$ の解を与えることが示されている．[55] も参照．

A

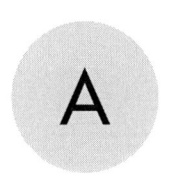

展望
―可積分幾何へむけて―

　この本では曲線の微分幾何とソリトン方程式の交錯する面白さを説明してきた．この本を読了された読者が次に進む分野として曲線の微分位相幾何，曲面の可積分幾何，差分幾何が挙げられる．この付録ではこれらの分野への案内を行うことにしよう．

A.1 曲線の微分位相幾何

　変換 $f : \mathbb{R}^2 \to \mathbb{R}^2$ が条件
- f は C^∞ 級であり，全単射，
- $f^{-1} : \mathbb{R}^2 \to \mathbb{R}^2$ も C^∞ 級

をみたすとき $\mathbb{R}^2$ 上の**微分同相変換**という．$\mathbb{R}^2$ 上の微分同相変換全体 $\mathfrak{D}(\mathbb{R}^2)$ は合成に関し群をなす．さらに $\mathfrak{D}(\mathbb{R}^2)$ は $\mathbb{R}^2$ に推移的に作用するのでクライン幾何学を定めている．このクライン幾何を平面の**微分位相幾何**とよぶ．

　これまで扱ってきた変換群 E(2), Sim(2), Möb($\mathbb{C}$), SA$^\pm$(2), A(2) はすべて $\mathfrak{D}(\mathbb{R}^2)$ の部分群であることに注意しよう．

　本書では，曲線の微分位相幾何は考察してこなかった．この節では，平面曲線の微分位相幾何から，正則ホモトピーについて説明をしておこう．

定義 閉区間 $I = [a,b]$ で定義された正則な C^∞ 級の径数付曲線 $\boldsymbol{p}(t)$ が

$$\boldsymbol{p}(a) = \boldsymbol{p}(b), \qquad \boldsymbol{p}^{(n)}(a) = \boldsymbol{p}^{(n)}(b), \qquad n = 1, 2, \cdots$$

をみたすとき，**なめらかな正則閉曲線** (または C^∞ 級正則閉曲線) とよぶ[*1]．

[*1] 第1章で与えた閉曲線の定義と比較されたい．

A.1 曲線の微分位相幾何

定義 2本のなめらかな正則閉曲線 $p, q : I \to \mathbb{R}^2$ に対し $F : [a,b] \times [0,1] \to \mathbb{R}^2$ で条件

- 任意の $t \in [a,b]$ に対し，$F(t,0) = p(t),\ F(t,1) = q(t)$,
- 各 $\varepsilon \in [0,1]$ に対し $f^{\varepsilon}(t) = F(t, \varepsilon) : [a,b] \to \mathbb{R}^2$ はなめらかな正則閉曲線,
- $F(t,\varepsilon)$ は t と ε の双方について連続

をみたす F が存在するとき p と q は**正則ホモトピー同値**であるという．また F を p と q を結ぶ**正則ホモトピー (変形)** とよぶ (図 A.1, 図 A.2).

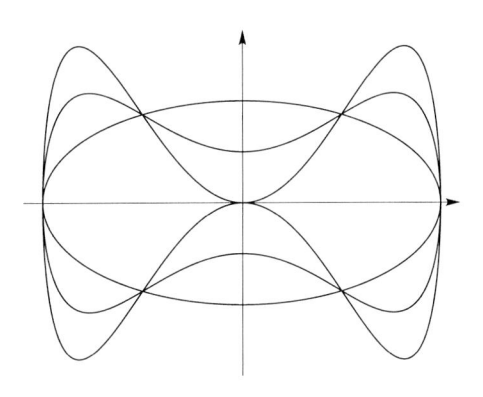

図 A.1 正則ホモトピー変形

この定義において，p と q は弧長径数表示であることは要求していないことに注意しよう．共通の弧長径数 s で径数表示されたなめらかな正則閉曲線 $p(s)$ と $q(s)$ を結ぶ正則ホモトピー変形 $F(s, \varepsilon)$ が存在すると仮定する．このとき各 $\varepsilon \in (0,1)$ に対し，s は $f^{\varepsilon}(s)$ の弧長径数であるとは限らない．

一方，この本の第 5 章から第 7 章の研究対象であった「平面曲線の等周時間発展」では，弧長径数を保つ曲線の変形 $p(s) \longmapsto p(s;t)$ を考察していた．等周時間発展と正則ホモトピー変形は，まったく異なる変形であることがわかるだろう．

さて，問 3.2.6 で定義した回転数を思い出そう．弧長径数表示された滑らかな正則閉曲線 $p(s)$ に対し，その回転数 $i(p)$ は正則ホモトピー変形でどう変化するだろうか．回転数 $i(f^{\varepsilon})$ の回転数は ε に関して連続的に変化するはずであるが，$i(f^{\varepsilon})$ は整数であるから結局，$i(f^{\varepsilon}) = i(p)$ となるしかない．すなわち，回転

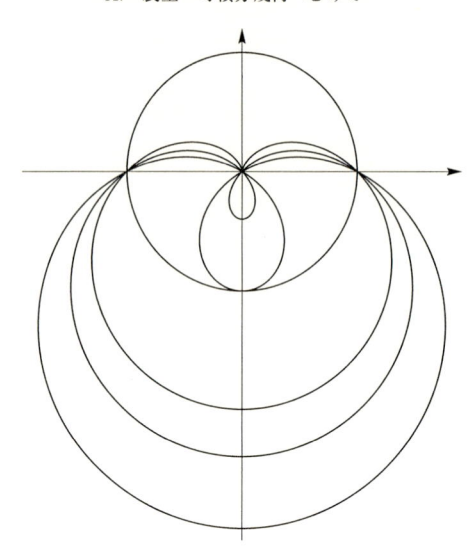

図 A.2　正則ホモトピー変形でない変形

数は**正則ホモトピー変形で変化しない**．この事実を「回転数は正則ホモトピー不変量である」と言い表す．ホイットニー (Whitney) は次の定理を証明した．

定理 A.1.1 ([136])　なめらかな正則閉曲線 $p(t)$, $q(t) : [a, b] \to \mathbb{R}^2$ が正則ホモトピー同値であるための必要十分条件は両者の回転数が一致することである．

ホイットニーの定理の証明については西川[90, p. 33], 小沢[103, p. 85], 梅原・山田[126, p. 30] を参照されたい．

ホイットニー[136] は曲線の自己交差点を調べることで回転数を算出する公式 (ホイットニーの公式) を与えている．ホイットニーの公式は[126, p. 33] に解説されている．平面とは限らない一般の曲面上の閉曲線に対する正則ホモトピーについては Francis[21] を参照されたい．

この本で触れなかった平面曲線の微分幾何・微分位相幾何については，[90], [103],[126] で学ばれることをすすめたい．正則ホモトピー不変量についてさらに学びたい読者には[103] と，その参考文献にあげられている Arnold[7] を薦めておこう．

またこの本では平面曲線をコンピュータ・ソフトウェアを用いて描く方法については解説しなかった．Mathematica, Maple などの統合型ソフトウェアを

使うことができる読者は，本文にある曲線や函数のグラフを描きながら読み進めることがよいだろう．Mathematica を用いて「指定された函数を曲率にもつ平面曲線を描く方法」については[31] が参考になる．またフリーソフトウェアを用いて平面曲線を描く方法については[20] が参考になる．[20] ではフリーソフトウェアの gnuplot と Octave を用いて平面曲線を描く方法を解説している．gnuplot, Octave についてはそれぞれ[138],[5] を参照されたい．gnuplot, Octave と問 6.3.1 でふれた Maxima は[65] に収録されている．

ホイットニー (Hassler Whitney, 1907-1989)　グラフ理論，微分位相幾何，特異点論をはじめ広範な活躍をした数学者．ホイットニーの名を冠する概念や定理には多様体の埋め込み定理・ホイットニーの傘・シュティーフェル–ホイットニー類とよばれる特性類などがある．組合せ論で基本的な概念であるマトロイド (matroid) は 1935 年刊行の論文で導入した．マトロイドはほぼ同時期にファン・デア・ヴェルデン (B. L. Van der Waerden, 1903–1996) と中澤武雄 (1913–1946) も導入していた．

A.2　曲面のベックルンド変換

第 8 章で考察したベックルンド変換や非線型重ね合わせの公式は，もともと「曲面の変換」に由来する．ガウス曲率が負で一定の曲面の構造方程式は，特別な径数表示のもとではサイン・ゴルドン方程式 (例 9.1.4) となる．曲面の変換からサイン・ゴルドン方程式のベックルンド変換が導かれる．この付録ではサイン・ゴルドン方程式のベックルンド変換を紹介する．

まず最初に曲面に関する基本用語を用意しておく．より詳しい説明については微分幾何学の教科書 ([64],[126]) を参照されたい．

数空間を $\mathbb{R}^3$ で表す．

$$\mathbb{R}^3 = \{\boldsymbol{p} = (x,y,z) \mid x,y,z \in \mathbb{R}\}.$$

$\mathbb{R}^3$ の内積を $(\cdot|\cdot)$ と表記する．すなわち $\boldsymbol{p}_1 = (x_1,y_1,z_1)$, $\boldsymbol{p}_2 = (x_2,y_2,z_2)$ に対し

$$(\boldsymbol{p}_1|\boldsymbol{p}_2) = x_1 x_2 + y_1 y_2 + z_1 z_2.$$

ベクトル $\boldsymbol{p} = (x,y,z)$ の長さを $|\boldsymbol{p}|$ で表す．すなわち $|\boldsymbol{p}| = \sqrt{x^2+y^2+z^2}$．

数平面 $\mathbb{R}^2 = \{(u,v) \mid u,v \in \mathbb{R}\}$ 内の領域 D で定義され，$\mathbb{R}^3$ に値をもつ写

像 (ベクトル値函数) $\boldsymbol{p} : D \to \mathbb{R}^3$, $\boldsymbol{p}(u,v) = (x(u,v), y(u,v), z(u,v))$ が次の条件をみたすとき，**曲面片**という．

(1) $x(u,v)$, $y(u,v)$, $z(u,v)$ はどれも D 上のなめらかな函数．

(2) 行列値函数
$$\begin{pmatrix} x_u & x_v \\ y_u & y_v \\ z_u & z_v \end{pmatrix}$$
が D 上でつねに階数が 2．

曲面片のいくつかの集まりを**曲面**という．この付録では曲面片のみを扱うので以下，曲面片を曲面とよんでしまう．

曲面 $\boldsymbol{p} : D \to \mathbb{R}^3$ に対し行列値函数 I を
$$\mathrm{I} = \begin{pmatrix} (\boldsymbol{p}_u|\boldsymbol{p}_u) & (\boldsymbol{p}_u|\boldsymbol{p}_v) \\ (\boldsymbol{p}_v|\boldsymbol{p}_u) & (\boldsymbol{p}_v|\boldsymbol{p}_v) \end{pmatrix}$$
で定める．ただし
$$\boldsymbol{p}_u = \frac{\partial \boldsymbol{p}}{\partial u}, \qquad \boldsymbol{p}_v = \frac{\partial \boldsymbol{p}}{\partial v}.$$

I を**第 1 基本行列**とよぶ．

曲面 $\boldsymbol{p}$ の各点で $\boldsymbol{p}_u$ と $\boldsymbol{p}_v$ の双方に直交する単位ベクトル $\boldsymbol{n}$ をとることができる．たとえば $\mathbb{R}^3$ におけるベクトルの外積を用いて
$$\boldsymbol{n} = \frac{\boldsymbol{p}_u \times \boldsymbol{p}_v}{|\boldsymbol{p}_u \times \boldsymbol{p}_v|}$$
と定めればよい．

行列値函数 II を
$$\mathrm{II} = -\begin{pmatrix} (\boldsymbol{p}_u|\boldsymbol{n}_u) & (\boldsymbol{p}_u|\boldsymbol{n}_v) \\ (\boldsymbol{p}_v|\boldsymbol{n}_u) & (\boldsymbol{p}_v|\boldsymbol{n}_v) \end{pmatrix}$$
で定め，$\boldsymbol{n}$ に関する**第 2 基本行列**とよぶ．

注意 A.2.1 (第 1 基本形式・第 2 基本形式) 微分幾何学の教科書では
$$E = (\boldsymbol{p}_u|\boldsymbol{p}_u), \qquad F = (\boldsymbol{p}_u|\boldsymbol{p}_v) = (\boldsymbol{p}_v|\boldsymbol{p}_u), \qquad G = (\boldsymbol{p}_v|\boldsymbol{p}_v),$$
$$L = -(\boldsymbol{p}_u|\boldsymbol{n}_u), \qquad M = -(\boldsymbol{p}_u|\boldsymbol{n}_v) = -(\boldsymbol{p}_v|\boldsymbol{n}_u), \qquad N = -(\boldsymbol{p}_v|\boldsymbol{n}_v)$$
とおき，

$$\mathrm{I} = E du^2 + 2F du dv + G dv^2, \qquad \mathrm{II} = L du^2 + 2M du dv + N dv^2$$

をそれぞれ p の**第 1 基本形式**, n に関する p の**第 2 基本形式**とよんでいる.

定義 曲面 $p: D \to \mathbb{R}^3$ に対し, 函数 K と H を
$$K = \frac{\det \mathrm{II}}{\det \mathrm{I}}, \qquad H = \frac{1}{2}\mathrm{tr}\,(\mathrm{I}^{-1}\mathrm{II})$$
で定め, それぞれ p の**ガウス曲率**, n に関する p の**平均曲率**とよぶ.

ガウス曲率 K が一定値 -1 をもつ曲面では, 次のような径数を選ぶことができる[*1].

命題 A.2.2 負のガウス曲率 $K = -1$ をもつ曲面では
$$\mathrm{I} = \begin{pmatrix} 1 & \cos\phi \\ \cos\phi & 1 \end{pmatrix}, \qquad \mathrm{II} = \begin{pmatrix} 0 & \sin\phi \\ \sin\phi & 0 \end{pmatrix}$$
と表示される径数 (u,v) が存在する. この径数を**漸近チェヴィシェフ網**という. この表示のもとでは曲面の積分可能条件はサイン–ゴルドン方程式
$$\phi_{uv} = \sin\phi$$
となる. 函数 ϕ を p の (u,v) に関する**漸近角** (または**チェヴィシェフ角**) とよぶ.

例 A.2.3 (ベルトラミの擬球)

$p(u,v)$
$$= (\mathrm{sech}\,(u+v)\cos(u-v),\ \mathrm{sech}\,(u+v)\sin(u-v),\ u+v - \tan(u+v)) \tag{A.1}$$

を**ベルトラミ**[*2]**の擬球** (Beltrami's pseudosphere, 図 A.3) とよぶ. ベルトラミの擬球はサイン–ゴルドン方程式の解
$$\phi(u,v) = 4\tan^{-1}(u+v)$$
を与える. この解はサイン–ゴルドン方程式の**定常キンク解**とよばれている.

この曲面は xz 平面内の曲線 (**トラクトリクス**)

[*1] 正確には「弱正則曲面」というものを考える. [56] 参照.
[*2] Eugenio Beltrami (1835–1900)

$$(x, z) = (\text{sech}\,(u+v),\ u+v-\tan(u+v))$$

を z 軸の周りに回転させて得られる．ベルトラミはこの曲面上で双曲幾何における三角法が成立していることを確認した．この事実により，この曲面はベルトラミの擬球とよばれるようになった．

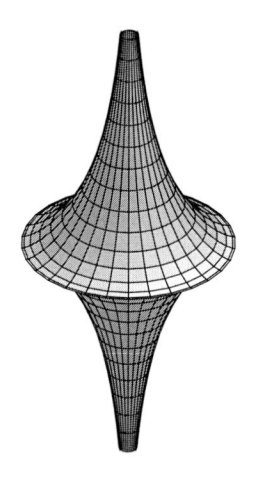

図 A.3 ベルトラミの擬球

19 世紀の微分幾何学においては曲面の変換理論 (与えられた曲面から同種の，あるいは異種の曲面を組織的に構成すること) が研究されていた．ここではその中から $K = -1$ の曲面の変換を紹介する．

定義 (ベックルンド変換) 曲面 $\boldsymbol{p}: D \to \mathbb{R}^3$ と D 上で定義された単位ベクトル場 $\boldsymbol{v}$ に対し
$$\tilde{\boldsymbol{p}}(u,v) = \boldsymbol{p}(u,v) + r\boldsymbol{v}(u,v)$$
と定める．ただし r は定数である．$\tilde{\boldsymbol{p}}: D \to \mathbb{R}^3$ が曲面を定め，さらに以下の条件をみたすとき，$\tilde{\boldsymbol{p}}$ を $\boldsymbol{p}$ の**ベックルンド変換**とよぶ．
  (1) $\boldsymbol{v}$ は $\boldsymbol{p}$ と $\tilde{\boldsymbol{p}}$ の両方に接する．
  (2) $\tilde{\boldsymbol{p}}(u,v)$ における単位法ベクトル $\tilde{\boldsymbol{n}}(u,v)$ と $\boldsymbol{p}(u,v)$ における単位法ベクトル $\boldsymbol{n}(u,v)$ のなす角は一定，すなわち $(\tilde{\boldsymbol{n}} \mid \boldsymbol{n}) = \cos\theta$ で定まる θ は定数．

定理 A.2.4 (ベックルンドの定理 (1875)) 曲面 p がベックルンド変換をもてば，p のガウス曲率は負の一定値 $K = -(\sin\theta/r)^2$ をもつ．

K が負で一定の曲面は「ベックルンド変換をもつ曲面」として特徴づけられることがわかった．簡単のため $K = -1$ の場合にベックルンド変換の表示式を与えておこう (条件 $K = -1$ より $r = \sin\theta$ と選ぶことに注意)．

定理 A.2.5 $p : D \to \mathbb{R}^3$ を漸近チェヴィシェフ網 (u, v) で径数表示された $K = -1$ の曲面とする．このとき p のベックルンド変換 $\tilde{p}$ は

$$\tilde{p} = p + \frac{\sin\theta}{2}\left\{\frac{\cos(\tilde{\phi}/2)}{\cos(\phi/2)}(p_u + p_v) + \frac{\sin(\tilde{\phi}/2)}{\sin(\phi/2)}(p_u - p_v)\right\}$$

で与えられ，(u, v) は $\tilde{p}$ の漸近チェヴィシェフ網である．ここで $\tilde{\phi}$ は $\tilde{p}$ の (u, v) に関する漸近角であり ϕ とは次の関係にある．

$$\frac{\partial}{\partial u}\left(\frac{\tilde{\phi} + \phi}{2}\right) = \tan\frac{\theta}{2}\sin\left(\frac{\tilde{\phi} - \phi}{2}\right), \tag{A.2}$$
$$\frac{\partial}{\partial v}\left(\frac{\tilde{\phi} - \phi}{2}\right) = \cot\frac{\theta}{2}\sin\left(\frac{\tilde{\phi} + \phi}{2}\right).$$

負定曲率曲面のベックルンド変換は $\theta = \pi/2$ の場合をビアンキ[*1](1879) が考察した．一般の角 θ の場合はベックルンド (1883) による．

連立偏微分方程式系 (A.2) は曲面のことを忘れてしまって，「サイン・ゴルドン方程式の解の変換」と思ってしまってよい．そこで (A.2) をサイン・ゴルドン方程式の**ベックルンド変換**とよぶ[*2]．$\tilde{\phi}$ を ϕ の定数角 θ によるベックルンド変換とよぶ．

例 A.2.6 (クエン曲面) ベルトラミの擬球 (A.1) の定数角 $\theta = \pi/2$ によるベックルンド変換 $\tilde{p} = (\tilde{x}, \tilde{y}, \tilde{z})$ は

[*1] Luigi Bianchi (1856–1928)
[*2] (A.2) は $\theta = \pi/2$ の場合をダルブー (1883)，一般の角の場合をビアンキ (1885) が与えたようである (Prus-Sym[105])．

$$\tilde{x} = \frac{2\cosh(u+v)}{\cosh^2(u+v)+(u-v-c)^2}\{\cos(u-v)+(u-v-c)\sin(u-v)\}$$

$$\tilde{y} = \frac{2\cosh(u+v)}{\cosh^2(u+v)+(u-v-c)^2}\{\sin(u-v)+(u-v-c)\cos(u-v)\}$$

$$\tilde{z} = u+v - \frac{2\sinh(2(u+v))}{\cosh^2(u+v)+(u-v-c)^2}$$

と求められる (c は定数). また漸近角は

$$\tilde{\phi}(u,v) = 4\tan^{-1}\left\{\frac{-u+v+c}{\cos(u+v)}\right\}$$

で与えられる．この曲面はビアンキがベックルンド変換によって求めた．この曲面の石膏模型を最初に作ったクエン (Kuen) にちなみ，今日，**クエン曲面**とよばれている (図 A.4). クエン曲面の石膏模型は東京大学大学院数理科学研究科で見ることができる (図 A.5).

さて，$\phi(u,v)$ をサイン–ゴルドン方程式の解とする．相異なる定数角 θ_1 と θ_2 に対し，θ_1 による ϕ のベックルンド変換を ϕ_1, θ_2 によるベックルンド変換

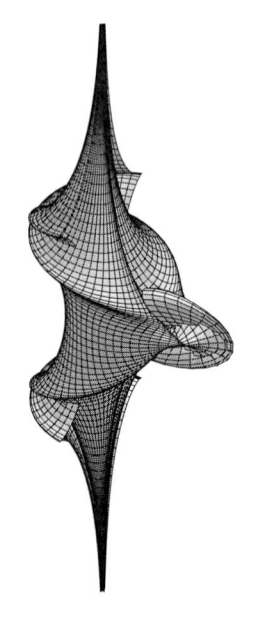

図 A.4 クエン曲面

図 A.5 クエン曲面の石膏模型
(模型所蔵：東京大学大学院数理科学研究科，レプリカ所蔵・画像提供：東京大学総合研究博物館)

$$\phi \begin{array}{c} \nearrow \phi_1 \searrow \\ \\ \searrow \phi_2 \nearrow \end{array} \phi_{12} = \phi_{21} =: \tilde{\phi}$$

図 A.6 ベックルンド変換の合成

を ϕ_2 とする.

8.4 節と同様の計算を実行して,次の公式が導ける.

命題 A.2.7 (非線型重ね合わせの公式)

$$\tilde{\phi} = \phi + 4\tan^{-1}\left\{\frac{\sin\frac{\theta_2+\theta_1}{2}}{\sin\frac{\theta_2-\theta_1}{2}}\tan\frac{\phi_1-\phi_2}{4}\right\}$$

ベックルンド変換は元来,$K = -1$ の曲面の変換であった.現在では mKdV 方程式をはじめ,ソリトン方程式・無限可積分系とよばれる種類の微分方程式に対して一般化されている.たとえばパンルヴェ方程式のベックルンド変換については野海[95]を参照されたい.この付録で紹介した内容については[56],平均曲率が一定の値をとる曲面 (平均曲率一定曲面) の変換理論については[54]を参照されたい.

A.3 差 分 幾 何

ソリトン方程式の研究 (**無限可積分系の理論**) においては,ソリトン方程式のもつ「よい性質」(解ける構造) を保ったままで変数を離散化することが行われている.この手続きをソリトン方程式の**差分化** (または**離散化**) という.この本で考察してきた mKdV 方程式 ([38],[124]),ポテンシャル mKdV 方程式[*1]([40]) 澤田・小寺方程式 ([125])・バーガース方程式 ([39])・KdV 方程式 ([38]) の差分化が提出され研究が進展している.

> mKdV 方程式の差分化があるならば,その方程式に対応する「曲線の差分化」があるのではないだろうか

[*1] 差分ポテンシャル mKdV 方程式の多重ソリトン解については,丸野・梶原・中尾・及川[74] 参照.

区間 I で定義された曲線 $p: I \to \mathbb{R}^2$ の離散化 (差分化) として次の概念が提起された．

定義 区間 $\tilde{I} \subset \mathbb{R}$ と整数全体 $\mathbb{Z}$ の共通部分 $I = \tilde{I} \cap \mathbb{Z}$ で定義された写像

$$p: I \to \mathbb{R}^2, \quad n \longmapsto p_n$$

を**差分曲線** (または**離散曲線**) とよぶ．

- すべての連続する 3 点 p_n, p_{n+1}, p_{n+2} が同一直線上にないとき，p を**正則差分曲線**とよぶ．
- $T_n = p_{n+1} - p_n$ を p_n における**接ベクトル**とよぶ[*1]．
- $\ell(p) = \sum_{n \in I} |T_n|$ を p の**弧長**という．
- すべての $n \in I$ に対し $|T_n| = 1$ であるとき，**差分弧長曲線**とよぶ．

差分曲線に対し「曲率」を定義したい．そこで曲率の見直しをする必要がある．

弧長径数表示された曲線 $p(s)$ 上の点 $p(s_0)$ において，$\kappa(s_0) \neq 0$ としよう．このとき $p(s_0)$ でこの円に接する半径 $1/|\kappa(s_0)|$ の円が存在する．$\kappa(s_0) > 0$ のときは曲線の進行方向に向かって左側の円，$\kappa(s_0) < 0$ のときは曲線の進行方向に向かって右側の円を選び，その円を $p(s_0)$ におけるこの曲線の**接触円**とよぶ ([126, p. 14])．$\rho(s) = 1/|\kappa(s)|$ を曲線 $p(s)$ の**曲率半径**という[*2]．

接触円の半径に向きをつけたものとして曲率が定義できるのである．この事実に着目しよう．

差分曲線弧長曲線 p 上の 3 点 p_{n-1}, p_n, p_{n+1} を頂点にもつ 3 角形の外心を c_n とする．

c_n を中心とし，$\frac{1}{2}(p_{n-1} + p_n)$, $\frac{1}{2}(p_n + p_{n+1})$ を通る円を p_n における接触円と定める．この接触円の半径 r_n を差分弧長曲線 p の p_n における曲率半径と定める．さらに $\kappa_n = 1/r_n$ とおき，$r_n: I \to \mathbb{R}$ を**差分曲率**とよぶ．差分曲率の時間発展を考えることで半離散 mKdV 方程式 (弧長変数 s について差分化し，時間変数 t は差分化していないもの) が導ける[*3]．また $K = -1$ の曲面や平均曲率一定曲面の差分化も提唱されている．

[*1] [47] では辺接ベクトル (edge tangent vector) とよんでいる．
[*2] $\rho = 1/\kappa$ と定める流儀もある．
[*3] ここで紹介したものとは異なる差分化・差分曲率が久門・中山・和達[45] で考察されている．

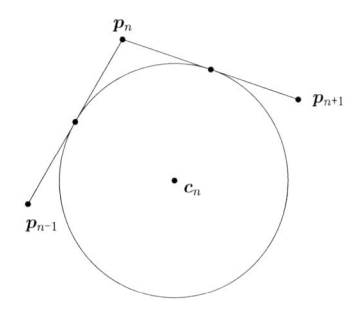

図 A.7　接触円

　第 14 章では複素射影直線内の曲線の時間発展から複素 KdV 方程式が導かれることを説明した．実射影直線内の点の運動 (あるいは平面の中心アフィン曲線の時間発展) からは KdV 方程式が導かれる (Pinkall[104])．松浦[80] は中心アフィン曲線の差分化を考察し非自励系差分 KdV 方程式を幾何学的に導いた．非自励系差分 KdV 方程式の解の構成については梶原・太田[60] を参照．

　差分幾何については Bobenko-Pinkall[8],[9], Hoffmann[47] を参照されたい (日本語による解説は[50],[51]，若山編[135] がある)．

　可積分系理論においては，差分方程式の更なる差分化として**超離散方程式**[*1]も研究されている．超離散方程式は高橋と薩摩により導入された箱玉系[114] や**トロピカル幾何**とも関わる．

　高橋と松木平[113] は超離散 mKdV 方程式を提出し，**運搬車付き箱玉系**との関連を調べている．(礒島・村田・野邊・薩摩[84] も参照)．

　また礒島・久保・村田・薩摩[69] はミウラ変換の超離散版を提出した[*2]．

　澤田・小寺方程式の超離散化は広田[43] で考察されている．

　超離散方程式・箱玉系については，広田・高橋[44]，松木平[76]，時弘[123] を参考書として紹介しておこう．超離散化を実行するにあたり，現在ではいくつかの技術的問題が残されている (負号の問題など)．とくにこの本で扱ってきたラックス表示を超離散方程式に与えることが難しい．超離散方程式と微分幾何

[*1]　差分方程式の「解ける構造」を保ったまま超離散極限とよばれる極限操作により得られる区分線型力学系．パラメータと初期値の選択により従属度数も整数値をとるように差分化されている．

[*2]　正確には[113],[84],[69] で考察されている方程式は本書で扱ってきた mKdV 方程式ではなく，非収束型 mKdV 方程式 (第 14.8 節参照) である．

学の融合はこれからの課題である.

> 曲線・曲面の微分幾何学とソリトン方程式の交錯する研究分野『可積分幾何 (integrable geometry)』の一端を紹介することがこの本の目的であった.
> 『可積分幾何』が広範な数理科学諸分野へと「開かれた数学」であることが了解いただけたであろうか.

文　　献

[1] M. J. Ablowitz, D. J. Kaup, A. C. Newell and H. Segur, Method for solving the sine-Gordon equations, Phys. Rev. Lett. **30** (1973), 1262–1264.

[2] M. J. Ablowitz, D. J. Kaup, A. C. Newell and H. Segur, Nonlinear evolution equations of physical significance, Phys. Rev. Lett. **31** (1973), 125–127.

[3] M. J. Ablowitz, D. J. Kaup, A. C. Newell and H. Segur, The inverse scattering transform–Fourier analysis for nonlinear problems, Stud. Appl. Math. **53** (1974), 249–315.

[4] M. アブロビッツ・H. シーガー, ソリトンと逆散乱変換 (薩摩順吉・及川正行訳), 日本評論社, 1991 (原著英語第 2 版, 1985).

[5] 赤間世紀, Octave 教科書, 工学社, 2007.

[6] 安藤四郎, 楕円積分・楕円関数入門, 日新出版, 1970.

[7] V. I. Arnold, Topological Invariants of Plane Curves and Caustics, Amer. Math. Soc., 1994.

[8] A. Bobenko and U. Pinkall, Discrete surfaces with constant negative Gaussian curvature and the Hirota equation, J. Differential Geom. **43** (1996), pp.527-611.

[9] A. Bobenko and U. Pinkall, Discretization of surfaces and integrable systems, in: Discrete Integrable Geometry and Physics (Vienna, 1996), Oxford Lecture Ser. Math. Appl. 16, Oxford Univ. Press, 1999, pp. 3–58.

[10] A. I. Bobenko and Y. B. Suris, Discrete Differential Geometry. Integrable Structure, Graduate Studies in Math. 98, Amer. Math. Soc., 2008.

[11] L. J. F. Broer and H. M. M. ten Eikelder, On the canonical character of the Sawada-Kotera equation, Phys. Lett. A **89** (1982), no. 9, 429–431.

[12] J. M. Burgers, A mathematical model illustrating the theory of turbulence, Adv. Appl. Mech. **1** (1948), 171–199.

[13] P. J. Caudrey, R. K. Dodd and J. D. Gibbon, A new hierarchy of Korteweg-de Vries equations, Proc. Roy. Soc. London Ser. A **351** (1976), no. 1666, 407–422.

[14] H.-H. Chen, Relation between Bäcklund transformations and inverse scattering problems, in:[82], pp. 241–252.

[15] K. S. Chou, C. Qu, Integrable equations arising from motions of plane curves, Physica D **162** (2002), 9–33.

[16] J. D. Cole, On a quasilinear parabolic equations occurring in aerodynamics, Quat. Appl. Math. **9** (1951), 225-236.

[17] G. Darboux, Sur une proposition relative aux équations linéaires, C. R. Acad. Sci. Paris **94** (1882), 1456–1459.

[18] Q. Ding and J. Inoguchi, Schrödinger flows, binormal motion for curves and the second AKNS-hierarchies, Chaos Solitons and Fractals **21** (2004), no. 3, 669–677.

[19] R. K. Dodd and J. D. Gibbon, The prolongation structure of a higher order Korteweg-de Vries equation, Proc. Roy. Soc. London Ser. A **358** (1978), no. 1694,

287–296.
- [20] 栄伸一郎・山田光太郎, パターン形成の数理／技術者のための微分幾何入門, 講談社サイエンティフィク, 2008.
- [21] G. K. Francis, Generic homotopies of immersions, Indiana Univ. Math. J. 21, (1971/1972), 1101–1112.
- [22] 藤本坦孝, 複素解析, 岩波書店, 2006.
- [23] A. Fujioka and J. Inoguchi, Deformations of surfaces preserving conformal or similarity invariants, Progress in Mathematics **252** (2007), 53–67. (math.DG051255).
- [24] A. Fujioka and T. Kurose, Motions of curves in the complex hyperbola and the Burgers hierarchy, Osaka J. Math. **45** (2008), 1057–1065.
- [25] A. Fujioka and T. Kurose, Geometry of the space of closed curves in the complex hyperbola, Kyushu J. Math. **63** (2009), 161–165.
- [26] 深谷賢治, 双曲幾何, 岩波書店, 2004.
- [27] C. S. Gardner, J. M. Greene, M. D. Kruskal and R. M. Miura, Method for solving the Korteweg-de Vries equation, Phys. Rev. Lett. **19** (1967), 1095–1097.
- [28] C. S. Gardner, J. M. Greene, M. D. Kruskal and R. M. Miura, Korteweg-de Vries equations and generalizations VI. Method for exact solution, Comm. Pure Appl. Math. **27** (1974), 93–133.
- [29] C. S. Gardner and G. K. Morikawa, Similarity in the asymptotic behavior of collision free hydromagnetic waves and water waves, Courant Inst. Math. Sci. Res. Rep. NYO-9082, New York University, ([140] に収録).
- [30] R. Goldstein, D. M. Petrich, The Korteweg-de Vries hierarchy as dynamics of closed curves in the plane, Phys. Rev. Lett. **67** (1991), no. 23, 3203–3206.
- [31] A. Gray, E. Abbena, S. Salamon, Modern Differential Geometry of Curves and Surfaces with Mathematica®, Third edition, Chapman & Hall/CRC, 2006.
- [32] C. H. Gu, H. S. Hu, and Z. X. Zhou, Darboux Transformations in Integrable Systems. Theory and their Applications to Geometry, Springer Verlag, 2005.
- [33] H. Guggenheimer, Differential Geometry, McGraw-Hill, 1963.
- [34] 原岡喜重, 超幾何函数, 朝倉書店, 2002.
- [35] H. Hasimoto, A soliton on a vortex filament, J. Fluid Mech. **51** (1972), 477–485.
- [36] R. Hirota, Exact solution of the modified Korteweg-de Vries equation for multiple collisions of solitons, J. Phys. Soc. Japan **33** (1972), 1456–1458.
- [37] R. Hirota, Direct method of finding exact solutions of nonlinear evolution equations, in:[82], pp. 40–68.
- [38] R. Hirota, Nonlinear partial difference equations. I. A difference analogue of the Korteweg-de Vries equations, J. Phys. Soc. Japan. **43** (1977), no. 4, 1424–1433.
- [39] R. Hirota, Nonlinear partial difference equations. V. Nonlinear equations reducible to linear equations, J. Phys. Soc. Japan **46** (1979), no. 1, 312–319.
- [40] R. Hirota, Discretization of the potential modified KdV equation, J. Phys. Soc. Japan **67** (1998), no. 7, 2234–2236.
- [41] R. Hirota and J. Satsuma, A simple structure of superposition formula of the Bäcklund transformation, J. Phys. Soc. Japan **45** (1978), no. 5, 1741–1750.
- [42] 広田良吾, 直接法によるソリトンの数理, 岩波書店, 1992.

[43] 広田良吾, Sawada-Kotera 方程式の超離散化, 九州大学応用力学研究所研究集会報告, 非線形波動の数理と物理, 20 ME-S7 (2009), Article No. 12 (pp. 76–85).
[44] 広田良吾・高橋大輔, 差分と超離散, 共立出版, 2003.
[45] M. Hisakado, K. Nakayama and M. Wadati, Motion of discrete curves in the plane, J. Phys. Soc. Japan **64** (1995), no. 7, 2390–2393.
[46] H. ホックシタット, 特殊関数. その理・工学への応用 (岡崎誠・大槻義彦訳), 培風館, 1974 (原著英語, 1971).
[47] T. Hoffmann, Discrete Differential Geometry of Curves and Surfaces, 九州大学 COE レクチャーノート Vol. 18, 2009.
[48] T. Hoffmann and N. Kutz, Discrete curves in $\mathbb{C}P^1$ and the Toda lattice, Stud. Appl. Math. **113** (2004), no. 1, 31–55.
[49] E. Hopf, The partial differential equation $u_t + uu_x = \mu_{xx}$, Comm. Pure Appl. Math. **3** (1950), 201–230. (タイトルにミスプリント, $u_t + uu_x = \mu u_{xx}$ が正しい).
[50] 井ノ口順一, 可積分な曲面. 離散化された微分幾何に向けて, 数理解析研究所講究録 1170, 離散可積分系に関する最近の話題 (2000), pp.9–22.
[51] 井ノ口順一, 離散射影微分幾何学はやわかり, 数理解析研究所講究録 1221, 離散可積分系の研究の進展. 超離散化・量子化 (2001), pp.112–124.
[52] 井ノ口順一, 幾何学いろいろ, 可積分系もいろいろ, 京都大学数理解析研究所講究録 1422, 可積分系数理の展望と応用 (2005), pp. 134–153.
[53] 井ノ口順一, 幾何学いろいろ, 日本評論社, 2007.
[54] 井ノ口順一, 曲面と可積分系 (現代基礎数学), 朝倉書店, 刊行予定.
[55] 井ノ口順一, リッカチのひ・み・つ, 日本評論社, 2010.
[56] 井ノ口順一・小林真平・松浦望, 曲面の微分幾何学とソリトン方程式. 可積分幾何入門, 立教 SFR 講究録 No. 8, 2005.
[57] 犬井鉄郎, 特殊函数, 岩波全書, 岩波書店, 1962.
[58] Y. Ishimori, On the modified Korteweg-de Vries soliton and the loop soliton, J. Phys. Soc. Japan **50** (1981), no. 8, 2471–2472.
[59] 梶原健司, 離散可積分系の基礎, [135] に所収.
[60] K. Kajiwara and Y. Ohta, Bilinearization and Casorati determinant solution to the non-autonomous discrete KdV equation, J. Phys. Soc. Japan **77** (2008), no. 5, 054004 (9 ページ) .
[61] Y. Kametaka, Korteweg-de Vries equation IV. Simplest generalization, Proc. Japan Acad. **45** (1969), 661–665.
[62] D. J. Kaup and A. C. Newell, An exact solution for a derivative nonlinear Scrödinger equation, J. Math. Phys. **19** (1978), 798–801.
[63] 木村弘信, 超幾何函数入門, サイエンス社, 2007.
[64] 小林昭七, 曲線と曲面の微分幾何, 裳華房 1977, 新装改訂版, 1995.
[65] 講談社サイエンティフィク編, 理系のためのフリーソフト Ver 2.0, 講談社, 2008.
[66] K. Konno, Y. Ichikawa and M. Wadati, A loop soliton propagating along a streched rope, J. Phys. Soc. Japan **50** (1981), no. 3, 1025–1026.
[67] K. Konno and A. Jeffrey, Some remarkable properties of two loop soliton solutions, J. Phys. Soc. Japan **52** (1983), no. 1, 1–3.
[68] D. J. Korteweg and G. de Vries, On the change of form of long waves advancing in a rectangular canal, and on a new type of long stationary waves, Phil. Mag.

39 (1985), 422–443.
- [69] S. Kubo, S. Isojima, M. Murata, J. Satsuma, Ultradiscrete Miura transformation, Phys. Lett. A **362** (2007) 430–434.
- [70] G. L. Lamb, Jr., Solitons and the motion of helical curves, Phys. Rev. Lett. 37 (1976), 235–237. Erratum. Phys. Rev. Lett. **37** (1976), p. 723.
- [71] G. L. Lamb, Jr., Solitons on moving space curves, J. Math. Phys. **18** (1977), no. 8, 1654–1661.
- [72] J. Langer and D. A. Singer, The total squared curvature of closed curves, J. Differential Geom. **20** (1984), no. 1, 1-22.
- [73] P. D. Lax, Integrals of nonlinear equations of evolution and solitary waves, Comm. Pure Appl. Math. **21** (1968), 467–490.
- [74] K. Maruno, K. Kajiwara, S. Nakao and M. Oikawa, Bilinearization of discrete soliton equations and singularity confinement, Phys. Lett. A **229** (1997), no. 3, 173–182.
- [75] V. B. Matveev and M. A. Salle, Darboux Transformations and Solitons, Springer Verlag, 1991.
- [76] 松木平淳太, 超離散可積分系とソリトン・セルオートマトン,[86], pp. 95–129.
- [77] 松坂和夫, 解析入門 4, 岩波書店, 1998.
- [78] S. Matsutani, Closed loop solitons and sigma functions. classical and quantized elasticas with genera one and two, J. Geom. Phys. **39** (2001), 50–61.
- [79] S. Matsutani, Hyperelliptic loop solitons with genus g. investigations of a quantized elastica, J. Geom. Phys. **43** (2002), 146–162.
- [80] N. Matsuura, Discrete time evolution of planar discrete curves, in: Development of Dynamic Mechanics with High Functionality, (COE 会議録) 九州大学, 2007, pp. 93–94.
- [81] R. Miura, Korteweg-de Vries equation and generalizations I. A remarkable explicit nonlinear transformation, J. Math. Phys. **60** (1968), 1202–1204.
- [82] R. M. Miura (ed), Bäcklund Transformations (Nashville, Tenessee 1974), Lecture Notes in Math. 515, Springer Verlag, 1976.
- [83] R. ミウラ, ソリトンと逆散乱法：歴史的視点から (1), (2), 数学セミナー 2008 年 8 月号, pp. 32–38, 9 月号, pp. 44–49 (梶原健司・及川正行訳).
- [84] M. Murata, S. Isojima, A. Nobe and J. Satsuma, Exact solutions for discrete and ultradiscrete modified KdV equations and their relation to box-ball systems, J. Phys. A **39** (2006), no. 1, L27–L34.
- [85] 中嶋貞雄, 量子力学 I, 岩波書店, 1983.
- [86] 中村佳正 (編), 可積分系の応用数理, 裳華房, 2000.
- [87] 中村佳正 (編), 解析学百科. 無限可積分系, 朝倉書店, 刊行予定.
- [88] 中岡稔, 双曲幾何学入門, サイエンス社, 1993.
- [89] K. Nakayama and M. Wadati, Motion of curves in the plane, J. Phys. Soc. Japan **62** (1993), no. 2, 473–479.
- [90] 西川青季, 幾何学, 朝倉書店, 2002.
- [91] 西成活裕・金井政弘, 戸田格子と渋滞学, 数学セミナー 2008 年 3 月号, pp. 26–29.
- [92] K. Nishinari and D. Takahashi, Analytical properties of ultradiscrete Burgers equations and rule-184 cellur automaton, J. Phys. A **31** (1998), 5439–5450.

- [93] 野口潤次郎, 複素解析概論, 裳華房, 1993.
- [94] 野水克巳・佐々木武, アファイン微分幾何学. アファインはめ込みの幾何, 裳華房, 1994.
- [95] 野海正俊, パンルヴェ方程式. 対称性からの入門, 朝倉書店, 2000.
- [96] 及川正行, 偏微分方程式, 岩波書店, 1997.
- [97] 及川正行, 非線形物理学, 九州大学応用力学研究所講義録, (2002 年前期).
- [98] 及川正行・永井敦・矢嶋徹, 工学基礎 常微分方程式, サイエンス社, 2006.
- [99] 大石進一, フーリエ解析, 岩波書店, 1989.
- [100] 大宮眞弓, 非線形波動の古典解析, 森北出版, 2008.
- [101] H. Ono, Algebraic solitary waves in stratified fluids, J. Phys. Soc. Japan **39** (1975), 1082–1091.
- [102] H. Ono, Algebraic soliton of the modified Korteweg-de Vries equation, J. Phys. Soc. Japan **41** (1976), 1817–1818.
- [103] 小沢哲也, 曲線. 幾何学の小径, 培風館, 2005.
- [104] U. Pinkall, Hamiltonian flows on the space of star-shaped curves, Results Math. **27** (1995), no. 3–4, 328–332.
- [105] R. Prus and A. Sym, Rectilinear congruences and Bäcklund transformations: roots of the soliton theory, in: Nonlinearity & Geometry (Warsaw, 1995), PWN, Warsaw, 1998, pp. 25–36.
- [106] C. Rogers, W. K. Schief, Bäcklund and Darboux Transformations. Geometry and Modern Applications in Soliton Theory, Cambridge Univ. Press, 2002.
- [107] R. Sasaki, Soliton equations and pseudospherical surfaces, Nuclear Phys. B **154** (1979), 343–357.
- [108] J. Satsuma and D. Kaup, A Bäcklund transformation for a higher order Korteweg-de Vries equation, J. Phys. Soc. Japan **43** (1977), no.2 (1977), 692–697.
- [109] K. Sawada and T. Kotera, A method for finding N-soliton solutions of the K.d.V. equations and K.d.V.-like equations, Prog. Theoret. Phys. **51** (1974), no. 4, 1355–1367.
- [110] J. Scotto Russel, Report on waves, in: Report of Fourteenth Meeting of the British Association for the Advancement of Science, John Murray, London, 1844, pp. 311–390. (一部の和訳を[4] と[129] でみることができる).
- [111] 杉浦光夫, 解析入門 I, 東京大学出版会, 1980.
- [112] 杉浦光夫, 解析入門 II, 東京大学出版会, 1985.
- [113] D. Takahashi and J. Matsukidaira, Box and ball system with a carrier and ultradiscrete modified KdV equation, J. Phys. A **30** (1997), no. 21, L733–L739.
- [114] D. Takahashi and J. Satsuma, A soliton celluar automaton, J. Phys. Soc. Japan **59** (1990), no 10, 3514–3519.
- [115] S. Tanaka, Some remarks on the modified Korteweg-de Vries equations, Publ. Res. Inst. Math. Sci., Kyoto Univ. **8** (1972/1973), 429-437.
- [116] S. Tanaka, Modified Korteweg-de Vries equation and scattering theory, Proc. Japan Acad. **48** (1972), 466-469.
- [117] 田中俊一・伊達悦朗, KdV 方程式, 紀伊國屋書店, 1979.
- [118] 谷口雅彦・奥村善英, 双曲幾何学への招待, 培風館, 1996.
- [119] 戸田盛和, 楕円関数入門, 日本評論社, 1980, 新装版, 2001.

[120] 戸田盛和, 非線形波動とソリトン, 日本評論社, 1983, 新装版, 2000.
[121] 戸田盛和, 波動と非線形問題 30 講, 朝倉書店, 1995.
[122] 時弘哲治, 工学における特殊関数, 共立出版, 2006.
[123] 時弘哲治, 箱玉系の数理, 朝倉書店 (開かれた数学), 2010.
[124] 辻本諭・広田良吾, 非線形差分方程式の保存量, 京都大学数理解析研究所講究録 933, 非線形可積分系の応用数理 (1995), pp. 105–112.
[125] S. Tsujimoto and R. Hirora, Pfaffian representation of solutions to the discrete BKP hierarchy in bilinear form, J. Phys. Soc. Japan **65** (1996), no. 9, 2797–2806.
[126] 梅原雅顕・山田光太郎, 曲線と曲面. 微分幾何学的アプローチ. 裳華房, 2002.
[127] M. Wadati, The exact solution of the modified Korteweg-de Vries equation, J. Phys. Soc. Japan **32** (1972), 1681, The modified Korteweg-de Vries equation, J. Phys. Soc. Japan **34** (1973), no. 5, 1289–1296.
[128] M. Wadati, The Bäcklund transformation for solutions of the modified Korteweg-de Vries equation, J. Phys. Soc. Japan **36** (1974), 1498.
[129] 和達三樹, 非線型波動, 岩波講座 現代の物理学, 1992. 再刊: 現代物理学叢書, 2000, 岩波書店.
[130] M. Wadati, K. Konno and Y. Ichikawa, New integrable nonlinear evolution equations, J. Phys. Soc. Japan **47** (1979), no. 5, 1698–1700.
[131] M. Wadati, H. Sanuki and K. Konno, Relationships among inverse method, Bäcklund transformation and an infinite number of conservation laws, Prog. Theoret. Phys. **53** (1975), no. 2, 419–436.
[132] M. Wadati, H. Sanuki and K. Konno, Simple deviation of Bäcklund transformations, Riccati form of inverse method, Prog. Theoret. Phys. **53** (1975), 1652–1656.
[133] M. Wadati and K. Sogo, Gauge transformations in soliton theory, J. Phys. Soc. Japan **52** (1983), no. 2, 394–338.
[134] 和達三樹・矢嶋徹, 微分方程式演習, 岩波書店, 1998.
[135] 若山正人 (編), 可視化の技術と現代幾何学, 岩波書店, 刊行予定.
[136] H. Whitney, On regular closed curves in the plane, Compositio Math. **4** (1937), 276–286.
[137] E. T. Whittaker and G. N. Watson, A Course of Modern Analysis, Cambridge Univ. Press, 1963.
[138] 矢吹道郎 (監修), 大竹敢 (著), 使いこなす gnuplot 改訂第 2 版, テクノプレス, 2006.
[139] 矢嶋信男, 常微分方程式, 岩波書店, 1989.
[140] 矢嶋信男・角谷典彦, 新編物理学選集 59, 非線形分散波動, 日本物理学会 1975.
[141] 横田博史, はじめての Maxima, 工学社, 2006.
[142] N. J. Zabusky, A synergetic approach to problems of nonlinear dispersive wave propagation and interaction in: Nonlinear Partial Differential Equation. A Symposium (W. F. Ames ed.), Academic Press, 1967, pp. 223–258.
[143] V. E. Zaharov and A. B. Šabat, Exact theory of two-dimensional self-focusing and one-dimensional self-modulation of waves in nonlinear media (ロシア語), Ž. Éksper. Theret Fiz **61** (1971), no. 1, 118–134. 英訳 Soviet Phys. JETP **34** (1972), no. 1, 62–69.

索　引

記　号

A(2)　97
$\mathbb{C}^\times$　136
$\mathbb{C}^2$　139
CO(2)　95
$d(\boldsymbol{p}, \boldsymbol{q})$　16
D_s, D_t　88
∂_s^{-1}　40
E(2)　16
$E(k)$　6
$E(k, \varphi)$　6
$F(k, \varphi)$　28
$\mathrm{GL}_2 \mathbb{R}$　96
J　9
$\mathrm{M}_2 \mathbb{R}$　19
$\mathrm{Möb}(\overline{\mathbb{C}})$　146
O(2)　20
$\mathrm{PSL}_2 \mathbb{C}$　149
$\mathbb{R}^2$　1
$\mathbb{S}^2$　142
$S_z(f)$　146
SA(2)　96
SE(2)　22
Sim(2)　94
$\mathrm{SL}_2 \mathbb{C}$　73
SO(2)　20
T_A　140
$[U, V]$　38
$W(f, g)$　103

$\angle$　95
$\measuredangle$　96

ア　行

アフィン運動群 (affine motion group)　97
アフィン幾何 (affine geometry)　97
アフィン幾何学的定理　97
アフィン変換群 (affine transformation group)　97
アブロヴィッツ (Mark Ablowitz)　69

1次分数変換 (linear fractional transformation)　140
イプシロン函数 (epsilon function)　53

ウェーバー (Weber) の微分方程式　115
運動群 (motion group)　23
運搬車付き箱玉系　165

エアリー函数 (Airy function)　111
エアリーの微分方程式 (Airy's differential equation)　109
sn 函数 (sn function)　28
mKdV 階層　40
エルミート–ウェーバーの微分方程式　116
エルミート多項式　115
エルミートの微分方程式　114

オイラーの微分方程式 (Euler's diffferential equation)　105, 107

カ　行

ガードナー (Clifford Gardner)　70
開集合 (open set)　134
解析的自己同型群 (analytic automorphism group)　146
解析的自己同型写像 (analytic automorphism)　146
回転群 (rotation group)SO(2)　21
回転指数 (rotation index)　26
回転数 (rotation number)　26

ガウス曲率 (Gaussian curvature) 159
カウプ (David Kaup) 69, 118
可換群 (commutative growp) 20
角函数 (turning angle) 15, 25, 120
拡散方程式 (diffusion equation) 126
拡大複素平面 (extended complex plane) 141
亀高惟倫 72
カルタン (Elie Cartan) 15
ガンマ函数 114

基本解 (fundamental solution) 103
基本解 (拡散方程式) 132
逆元 (inverse element) 20
逆写像 (inverse map, inverse mapping) vi
逆像 (inverse image) vi
急減少函数 (rapidly decreasing function) 46
境界条件 (boundary condition) 129
共形 (conformal) 135
共通部分 (intersection) v
共軛複素数 (conjugate complex number) 136
行列値波動函数 (matrix wave function) 73
曲線の時間発展 (time evolution of a curve) 36
極表示 (polar representation) 136
曲面 (surface) 158
曲面片 (surface piece) 158
曲率 (curvature) 10
曲率半径 164
虚部 (imaginary part) 136, 137

クエン曲面 (Kuen surface) 162
クライン (Felix Christian Klein) 98
クライン幾何 (Klein geometry) 94
クラスカル (Martin David Kruskal) 71
グリーン (John Morgan Greene) 71
クロソイド (clothoid) 14, 109
群 (group) 20

径数 (parameter) 1
径数付曲線 (parametrized curve) 1
(微分可能) 径数付曲線 1

KN 系 (KN system) 86
KdV 方程式 (KdV equation) 70
ケストナー (A. G. Kästner) 25

合成積 (convolution) 133
恒等変換 (identity transformation) 22
合同変換 (congruent transformation) 16
合流型超幾何級数 (confluent hypergeometric series) 113
合流型超幾何微分方程式 (confluent hypergeometric differential equation) 113
コーシー–リーマンの方程式 (Cauchy-Riemann equation) 136
コール (Julian D. Cole) 127
弧長 (arclength) 4
弧長径数 (arclength parameter) 4
小寺武康 118
孤立波解 46
コルニュ (Cornu) の螺旋 14
紺野公明 43, 74, 86

サ 行

サイン・ゴルドン方程式 (Sine-Gordon equation) 71
差集合 (difference set) v
薩摩順吉 165
サハロフ (Vladimir E. Zaharov) 69
ザブスキー (Norman J. Zabusky) 51
差分化 (discretization) 163
差分曲線 (discrete curve) 164
差分弧長曲線 (arclength parametrized discrete curve) 164
作用 (action) 93
澤田克郎 117
澤田・小寺方程式 118

C^∞ 級 2
cn 波解 48
シーガー (Harvey Segur) 69
G-合同 97
ジェフリー (Alan Jeffrey) 86
自然方程式 (natural equation) 26
実一般線型群 (real general linear group) 96
実特殊線型群 (real special linear group)

96, 99
実部 (real part) 136, 137
自明解 (trivial solution) 63, 83
射影変換 (projective transformation) 149
写像 (map, mapping) v
シャバット (Alexy B. Šabat) 69
渋滞学 125
シュレディンガー作用素 75
シュレディンガー方程式 115
シュレディンガー方程式 (Scrödinger equation) 75
シュワルツ微分 (Schwarzian derivative) 146
衝撃波解 (schock wave) 127
初期条件 (initial condition) 129
真空解 (vacuum solution) 63, 83
進行波解 (progressive wave) 44
振幅函数 53

推移的作用 (transitive action) 94
ラッセル (John Scott Russell) 70
スツルム–リウヴィル作用素 (Strum-Liouville operator) 75

正弦フーリエ級数 131
正則径数付曲線 (regular parametrized curve) 2
正則差分曲線 164
正のアフィン変換群 97
積分可能条件 (integrability condition) 38
接触円 (osculating circle) 164
絶対値 (absolute value) 136
接ベクトル (tangent vector) 1
接ベクトル場 (tangent vector field) 2
漸近角 (asymptotic angle) 159
漸近チェヴィシェフ網 (asymptotic Chebyshev net) 159
線型変換 (linear transformation) 17
全射 (surjection) vi
全単射 (bijection) vi

像 (image) vi
相似幾何 (similarity geometry) 95
相似曲率 (similarity curvature) 122

相似フレネの公式 (similarity Frenet formula) 122
相似フレネ標構 (similarity Frenet frame) 121
相似変換 (similarity transformation) 94
相似変換群 (similarity transformation group) 95
ソリトン解 (mKdV) 46
ソリトン解 (澤田・小寺方程式) 118

タ 行

第 1 基本行列 (first fundamental matrix) 158
第 1 基本形式 (first fundamental form) 159
第 1 種完全楕円積分 (complete elliptic integral of 1st kind) 28, 113
第 1 種不完全楕円積分 (incomplete elliptic integral of 1st kind) 28
代数的ソリトン解 (algebraic soliton) 51, 67
対数螺旋 (logarithmic spiral) 13, 26, 108, 111, 120, 123
第 2 基本行列 (second fundamental matrix) 158
第 2 基本形式 (second fundamental form) 159
第 2 種完全楕円積分 (complete elliptic integral of 2nd kind) 6, 113
第 2 種不完全楕円積分 (incomplete elliptic integral of 2nd kind) 6
楕円積分 (elliptic integral) 45
高橋大輔 165
多重ソリトン解 (multi soliton solution) 65
WKI 系 (WKI system) 86
ダルブー (Gaston Darboux) 15, 75, 78
ダルブー変換 (Darboux transformation) 76
単位元 (unit element) 20
単位接ベクトル場 (unit tangent vector field) 8
単位法ベクトル場 (unit normal vector field) 8
単射 (injection) vi
弾性エネルギー (elastic energy) 59
弾性曲線 (elastic curve) 59

値域 (codomain)　vi
チェヴィシェフ角 (Chebyshev angle)　159
超幾何微分方程式 (hypergeometric differential equation)　112
超離散方程式 (ultradiscrete equation)　165
調和振動子　115
直接法 (direct method)　87
直交行列 (orthogonal matrix)　20
直交群 (orthogonal group)　20
直交変換 (orthogonal transformation)　20

dn 波解　49
定義域 (domain)　vi
定常キンク解 (static kink)　160
丁青 (Qing Ding)　72
転置行列 (transposed matrix)　19

等角 (conformal)　135
等角フレネの公式 (conformal Frenet formula)　151
等角フレネ標構 (Möbius frame)　151
同次座標 (homogeneous coordinate)　148
同次座標ベクトル (homogeneous coordinate vector)　147
等周条件 (isoperimetric condition)　36
等スペクトル条件 (isospectral condition)　77
等積アフィン曲率 (equiaffine curvature)　100
等積アフィン径数 (equiaffine arclength)　100
等積運動 (equiaffine motion)　96
等積運動群 (equiaffine motion group)　96
等積幾何 (equiaffine geometry)　96
等積クロソイド (equiaffine clothoid)　110
等積条件 (equiaffine isoperimetric condition)　117
等積フレネの公式 (equiaffine Frenet formula)　100
等積フレネ標構 (equiaffine Frenet frame)　100
等積変換 (equiaffine transformation)　96
等積変換群 (equiaffine transformation group)　96

特性座標系 (characteristic coordinates)　44
戸田盛和　32
トラクトリクス (tractrix)　160
トロピカル幾何　165

ナ 行

内積を保つ　17
なめらか (smooth)　2
南極 (south pole)　142

2 行 2 列の定式化 (2 by 2 matrix formalism)　74
ニューウェル (Alan Newell)　69
ニュートン (Issac Newton)　13

熱伝導方程式 (heat equation)　126

ハ 行

バーガース (Johannes Martinus Burgers)　125
バーガース方程式 (Burgers equation)　125
箱玉系 (box and ball system)　165
8 の字曲線 (figure eight curve)　58
反正則函数 (anti holomorphic function)　138
非収束型 mKdV 方程式 (defocusing mKdV)　153, 165
非線型重ね合わせの公式 (nonlinear superposition formula)　65, 91, 163
非退化曲線 (nondegenerate curve)　100, 150
非同次座標　148
微分位相幾何 (differential topology)　154
微分型非線型シュレディンガー方程式 (derivative NLS equation)　86
微分同相変換 (diffeomorphism)　154
標準形 (normal form)　103
広田微分 (Hirota derivative)　88
広田良吾　72, 87, 125

フーリエ (Joseph Fourier)　133
複素一般線型群 (complex general linear group)　140

索 引

複素 KdV 方程式 (complex KdV equation) 152
複素射影直線 (complex projective line) 147
複素双曲線 (complex hyperbola) 153
複素直線 (complex line) 147
複素特殊線型群 (complex special linear group) 140
部分群 (subgroup) 20, 96
フレネの公式 (Frenet formula) 11
フレネ標構 (Frenet frame) 9

閉曲線 (closed curve) 3
平均曲率 (mean curvature) 159
ベックルンド変換 (Bäcklund transform) 63
ベックルンド変換 (曲線) 15
ベックルンド変換 (曲面) 160
ベックルンド変換 (サイン・ゴルドン) 161
ベルトラミ (Eugenio Beltrami) 159
偏角 (argument) 136
変換群 (transformation group) 94
変形 KdV 方程式 (modified KdV equation) 39

ホイッタッカー (Whittaker) の微分方程式 114
補集合 (compliment) v
母数 (modulus) 28
北極 (north pole) 142
ホップ (Eberhard Hopf) 127
ホップ–コール変換 (Hopf-Cole transformation) 127
ポッホハンマー (Pochhammer) 記号 112
ポテンシャル 75
ポテンシャル mKdV 方程式 (potential mKdV equation) 61
補母数 29, 33

マ 行

松谷茂樹 86

ミウラ (Robert Miura) 71
ミウラ変換 (Miura transformation) 153

無限遠点 (point at infinity) 141
無限可積分系 163

メビウス幾何 (Möbius geometry) 149
メビウス曲率 (Möbius curvature) 151
メビウス変換 (Möbius transformation) 146

モリカワ (George Morikawa) 71

ヤ 行

ヤコビ (Jacobi) 30
ヤコビの楕円函数 (Jacobi's elliptic functions) 29

ユークリッド幾何 (Euclidean geometry) 94
ユークリッド幾何学的定理 97
ユークリッド群 (Euclidean group) 22
有向角 (oriented angle) 96
有理型函数 (meromorphic function) 146
有理ソリトン 51

ラ 行

ラックス (Peter D. Lax) 72, 78
ラックス表示 (Lax representation) 78

リーマン球面 (Riemann sphere) 143
離散曲線 (discrete curve) 164
リッカチ型微分方程式 (Riccati equation) 74
立体射影 (stereographic projection) 143
領域 (domain, region) 134, 142

ループソリトン方程式 86

ロンスキー行列式 (Wronskian) 104

ワ 行

和集合 (union) v

著者略歴

井ノ口順一(いのぐちじゅんいち)

1967年　千葉県に生まれる
1997年　東京都立大学大学院理学研究科
　　　　博士課程単位取得退学
現　在　山形大学理学部数理科学科准教授
　　　　博士（理学）

開かれた数学 4
曲線とソリトン　　　　　　　　定価はカバーに表示

2010年 3月 5日　初版第1刷
2019年 3月25日　　　第4刷

著　者　井ノ口　順　一
発行者　朝　倉　誠　造
発行所　株式会社　朝　倉　書　店

　　　　東京都新宿区新小川町6-29
　　　　郵便番号　　162-8707
　　　　電　話　03(3260)0141
　　　　FAX　03(3260)0180
　　　　http://www.asakura.co.jp

〈検印省略〉

© 2010 〈無断複写・転載を禁ず〉　　中央印刷・渡辺製本

ISBN 978-4-254-11734-9　C 3341　　Printed in Japan

JCOPY 〈出版者著作権管理機構 委託出版物〉

本書の無断複写は著作権法上での例外を除き禁じられています。複写される場合は、そのつど事前に、出版者著作権管理機構（電話 03-5244-5088, FAX 03-5244-5089, e-mail: info@jcopy.or.jp）の許諾を得てください。

好評の事典・辞典・ハンドブック

数学オリンピック事典	野口 廣 監修	B5判 864頁
コンピュータ代数ハンドブック	山本 慎ほか 訳	A5判 1040頁
和算の事典	山司勝則ほか 編	A5判 544頁
朝倉 数学ハンドブック［基礎編］	飯高 茂ほか 編	A5判 816頁
数学定数事典	一松 信 監訳	A5判 608頁
素数全書	和田秀男 監訳	A5判 640頁
数論<未解決問題>の事典	金光 滋 訳	A5判 448頁
数理統計学ハンドブック	豊田秀樹 監訳	A5判 784頁
統計データ科学事典	杉山高一ほか 編	B5判 788頁
統計分布ハンドブック（増補版）	蓑谷千凰彦 著	A5判 864頁
複雑系の事典	複雑系の事典編集委員会 編	A5判 448頁
医学統計学ハンドブック	宮原英夫ほか 編	A5判 720頁
応用数理計画ハンドブック	久保幹雄ほか 編	A5判 1376頁
医学統計学の事典	丹後俊郎ほか 編	A5判 472頁
現代物理数学ハンドブック	新井朝雄 著	A5判 736頁
図説ウェーブレット変換ハンドブック	新 誠一ほか 監訳	A5判 408頁
生産管理の事典	圓川隆夫ほか 編	B5判 752頁
サプライ・チェイン最適化ハンドブック	久保幹雄 著	B5判 520頁
計量経済学ハンドブック	蓑谷千凰彦ほか 編	A5判 1048頁
金融工学事典	木島正明ほか 編	A5判 1028頁
応用計量経済学ハンドブック	蓑谷千凰彦ほか 編	A5判 672頁

価格・概要等は小社ホームページをご覧ください．